体验设计与认知心理交叉研究丛书
胡 飞 主编

习得的反应
刺激、体验与认知的神经基础

夏天生 著

U0275804

中国建筑工业出版社

图书在版编目（CIP）数据

习得的反应：刺激、体验与认知的神经基础 / 夏天生著 . —北京：中国建筑工业出版社，2019.12
（体验设计与认知心理交叉研究丛书）
ISBN 978-7-112-24575-8

I.①习… II.①夏… III.①机器学习 IV.① TP181

中国版本图书馆CIP数据核字（2019）第286367号

本书从认知神经科学的角度解析刺激—反应联结学习和认知控制关系的探讨。学习和认知控制是心理学、设计学和人因学等多学科共同关注和研究的重要课题之一，书中通过多个实验来探讨刺激—反应联结在无意识和有意识下习得后，如何帮助人们解决当前任务中的冲突，并采用脑科学的方法，对这一认知过程的神经基础进行研究，期望对相关领域的研究者和专业技术人员提供有益的经验证据和启发。本书适用于心理学、人机工程学和设计学专业师生及研究者。

责任编辑：贺 伟 吴 绫 吴 佳 李东禧
责任校对：李欣慰

体验设计与认知心理交叉研究丛书
胡 飞 主编
习得的反应 刺激、体验与认知的神经基础
夏天生 著

*

中国建筑工业出版社出版、发行（北京海淀三里河路9号）
各地新华书店、建筑书店经销
北京雅盈中佳图文设计公司制版
北京建筑工业印刷厂印刷

*

开本：787×1092毫米 1/16 印张：$9\frac{1}{2}$ 字数：162千字
2019年12月第一版 2019年12月第一次印刷
定价：39.00元
ISBN 978-7-112-24575-8
（35025）

序

　　近30年来，体验设计从萌发到苗壮，并逐渐发展成为设计界的一门"显学"。哲学视域下的"体验美学"、经济学视域下的"体验经济"、人机交互视域下从"可用性"到"用户体验"，都为体验设计研究提供了丰富的理论营养和实践指引。例如，Don Norman 的理论代表了认知心理学在设计中的应用，Elizabeth Sander 的"为体验而设计"代表了民族学方法在设计中的应用，Nathan Shedroff 的《体验设计》则受到体验经济和人机交互的双重影响。三个看似独立的标杆，其实映射出世纪之交设计学中"以用户为中心的设计"（user-centered design）的方法论转向。

　　在体验设计广泛的学科交叉研究中，认知心理则是其中具有重要意义的一个分支。认知心理是20世纪中期兴起的一种心理学思潮和研究方向，关注人类的高级心理过程，主要是认识过程，如注意、知觉、表象、记忆、创造性、问题解决、言语和思维等。认知心理重视心理学中的综合观点，强调各种心理过程之间的相互联系、相互制约，对其他学科的发展具有重要贡献。例如，近年来，认知心理研究强调身体对认知的实现发挥着重要作用，引发了"具身认知"的思潮，这对体验设计研究具有重要价值。

　　认知心理的进展为体验设计提供了新的观念和工具，体验设计与认知心理的交叉研究不断涌现，也吸引了大量优秀的青年研究者开始投入到这一具有创新性和前沿性的研究领域。正是在此背景下，这套《体验设计与认知心理交叉研究丛书》得以问世。

　　《习得的反应　刺激、体验与认知的神经基础》一书从人因工学入手，采用认知神经科学的方法考察刺激—反应联结学习与认知控制的关系，为设计学与脑科学的融合研究提供了范例。可用性是体验设计长期关注的重要问题，脑科学的发展为这一问题的深入研究提供了更丰富的工具，基于客观可靠的实验室范式，采用功能性磁共振成像的技术，研究者描绘出用户在冲突识别与解决过程中的自主学习与调节，并揭示了这一过程的大脑活动，为产品设计的可用性提供了理论模型和经验证据。

《宽视野成像　场景中物体识别的视知觉与脑机制》从体验设计与认知心理的学科需要入手，采用更具生态效度的宽视野成像范式，结合脑科学的方法研究视觉规律对产品设计的意义。研究者构建了一套可以120°呈现图像刺激的、和脑成像设备融合使用的宽视野成像系统，并基于这套系统开展了大量的视觉研究，为视觉认知和体验设计提供了理论依据和数据支撑。

《目标选择　阅读体验中的语言信息加工》采用眼动追踪技术考察用户在阅读过程中的语言加工与体验。语言是人类与外界沟通的重要工具，阅读是人们认识世界的重要途径，对于语言加工与阅读体验的认知是研究者长期关注的课题之一，而眼动方法对于这一问题的探究具有独特的优势。研究者基于深厚的学科背景和科学有效的方法，在书中逐步深入地阐述用户如何在阅读中进行语言信息的加工，为体验设计提供基础性的理论支撑和数据材料。

《体验设计与认知心理交叉研究丛书》是广东工业大学艺术与设计学院在体验设计与认知心理交叉研究的首批成果，均采用国内前沿方法与技术，关注体验设计的心理学基础理论构建。该丛书和相关研究受到中国体验设计发展研究中心、广东省社会科学研究基地"设计科学与艺术研究中心"、广东省体验设计协同创新基地、广东省体验设计集成创新科研团队、广东省体验设计教学团队等项目的支持与资助。后续还将陆续推出相关领域的前沿研究成果。

当前，用户体验和体验设计已呈现出典型的"社会弥散"（socially distributed knowledge）特征。体验设计实践的目标群体由终端用户扩展到客户甚至所有利益相关者，关注范围也由使用与交互过程扩展到了整个活动甚至全生命周期。在设计方法论正由"问题求解"转向"可能性提供"时，人的体验将成为可能性驱动的起点和终点。因此，体验应作为新的可能性的重要来源，体验设计也将为设计学提供"体验范式"的新途径。

胡　飞

2019 年 11 月 11 日于东风路 729 号

前　言

　　认知心理是设计学的重要支撑学科之一。基于科学有效的方法和技术，采用严密的实验方法探讨人们在生活和问题解决时的心理过程和神经活动，对于体验设计具有重要的参考价值。近年来，越来越多的学科融合和交叉研究在科学领域做出贡献，自然科学与社会科学的交叉成为不可抗拒的历史潮流。

　　本书作为"体验设计与认知心理交叉研究丛书"中的一本分册，主要采用行为学和脑科学的方法探讨刺激—反应联结学习对认知控制的调节作用以及这一心理过程的神经机制。刺激—反应相容性是人因工学研究中重要的课题之一，也是工业设计和体验设计需要遵循的重要原则之一。然而，人们面对的环境和解决问题的目标日益复杂多变，在产品设计和使用过程中遇到的冲突也日益增多，这一问题的解决有赖于大脑中认知控制系统的实施，更有赖于人们在不断变化的环境中学习和提升，因此，学习与认知控制如何帮助人们解决日常活动中的冲突是当前多领域研究者关注的焦点之一。本书通过一系列实验研究，力图说明人们如何在无意识的情况下习得刺激—反应联结，并且通过这种学习来调节大脑中认知控制系统对当前任务中的冲突进行监测和控制的心理过程和神经机制。为了解决这一问题，本书作者从内隐和外显两种方式、基于行为实验与功能性核磁共振成像两种技术分别考察了比例偏置下的刺激—反应联结学习、外显的任意刺激—反应联结学习以及习得的刺激—反应联结迁移对认知控制的影响，通过比较刺激—反应相容性效应量的大小变化来测量心理过程，通过比较不同条件下的大脑激活状态和脑区连通性变化情况来探明这一心理过程和相应的神经基础。

　　本书既是对认知心理的深入研究，也是对体验设计与认知心理交叉的初步尝试，虽然囿于作者学识与视野，还有许多有待商榷的地方，但希望能够抛砖引玉，引起更多研究者的兴趣，在这一领域做出更多更好的研究。

目 录

第 1 章

绪　论

1.1　研究背景

1.1.1　探寻：设计中的心理学

21 世纪人类社会进入了信息时代，随着生活节奏的加快，人类的生活方式和思维方式都受到了深刻的影响。一方面人们坚持传统观念中的实用主义，但更重要的是，人们比以往更加重视环境和产品的美感，强调环境和产品的安全、健康、满意与高效。人、机与环境的关系正在不断地变化和调整，从过去的人适应环境逐渐演变为环境适应人，这就要求每一个设计师充分重视人的体验与感受，要根据人的生理、心理和行为特征探索新的设计策略。

正如设计心理学家诺曼所说，即使在科技发达的现代社会，人们还常常会因为门和灯的开关、水龙头和煤气炉如何使用而烦恼。人们有时会去推一扇本应被拉开的门，或者去拉一扇本应被推开的门，有时也会出现一种情况，人们走进一个既不用推也不用拉的门时，才发现它是滑动的。如果你遇到外表美观，但却不知道怎么打开的水龙头，而被人嘲笑时，这并不是你的错，而是因为它蹩脚的设计造成的。世界上有太多的东西在设计、制作的过程中根本就没有考虑或者毫不在乎用户的需要和感受。设计心理学家会将设计定义为一种交流，设计人员应该深入了解其交流对象。

设计者应该试着了解人类的心理特征是怎样的。比如，人们常说"眼见为实"，会认为当我们观察周围一切时，眼睛会将看到的信息传输给大脑，然后由大脑对信息进行处理，从而使我们感受到真实的世界，但事实上，大脑并不是刻板地处理信息，而是会利用各种知识、经验等去解析眼睛看到的所有信息。如图 1-1 的图形，当你第一眼看到左边的图形，你会认为看到的是什么？一个黑边三角形，上面叠了一个白色倒三角。其实图上并没有什么三角形，只是一些零碎的线条和 3 个有缺口的圆。倒三角形完全是由大脑知觉所映射出来的，这一独特的视错觉现象是由意大利心理学家 Gaetano Kanizsa 发现的，便被命名为"卡尼萨三角"（Kanizsa Triangle），右边的图形是一个相同原理下产生的矩形的视错觉。

为了使设计出来的产品符合使用者的心理特征，增加易用性，诺曼提出了几条重要的设计原则。

第一，概念模型。对于生活中常见的物品，我们会在头脑中形成对这种物品的概念模型，因此一些看起来很奇怪的设计，往往也就意味着难以使用。对

图 1-1 卡尼萨错觉

（图片来源 :《设计师要懂心理学》Susan Weinschenk 著，徐佳，马迪，余盈亿译）

于使用者而言，如果产品可以提供一个好的概念模型，则用户就能够预测操作行为的效果，反之，如果产品没有一个好的概念模型，则用户只能在操作时盲目地死记硬背。概念模型的实质，是控制器与操作结果之间的关系。一旦概念模型不全面，或是错的，甚至不存在的，就会给用户带来困难。例如，美国家庭常见的四灶电炉，通常有四个开关，如果只是为了看上去整齐美观，而将开关并列成行，或列，用户就难以准确地形成概念模型，从而需要花更多的时间去记住开关与灶炉的对应关系。

第二，反馈。反馈可以有效地减轻用户的学习负担、记忆负担和困惑。比如，电话中的咔嚓声或其他声音，使用户知道电话的工作状态，这就是反馈。笔者发现，在美国的十字路口处，当意欲过马路的人按下通行请求时，人行通道的通行灯常常伴随着声音，并且往不同方向的声音是不同的，当横向人行道可以通行时，有一种提示音，而在纵向人行道可以通行时，会有另一种提示音，这样的设计可以有效地帮助听障者，也可以为普通人提供多一种反馈。而在国内的十字路口，不同方向人行通道的提示音往往是相同的。没有反馈的时间，就好比说话听不到自己的声音，画图却看不到任何笔迹，无疑会增大人们的负担和困惑。

第三，限制因素。以多年前人们使用的磁盘为例，磁盘上的突起、凹陷和切口，这三个特点进行组合，产生了八种可能的插入方式，但正确的插入方式是唯一一种，任何人都可以轻松分辨使用。通过物理结构、语意、文化和逻辑上的限制因素，可以使得产品设计的可用性大大提高。

可以说，随着人本主义的发展，设计学越来越朝向以用户为中心的设计，以用户的需求和利益为基础，以产品的易用性和可理解性为侧重点正成为设计人员必备的理念。

1.1.2　映射：相容性设计与冲突解决

在设计心理学的众多原则中，笔者最感兴趣的是相容性原则。设计的现代化意味着通过对人的物理、生理和心理特征与工作效率关系的研究，使系统设计符合人的特点。有关方面的专家根据人们的身心特点提出了一些重要的原则，相容性原理便是其中之一，它植根于人们的信息加工过程。

相容性的概念最早是由美国工程心理学家 Fitts 于 20 世纪 50 年代初提出的，它的最初含义特指刺激—反应相容性（Stimulus–Response Compatibility，简称 SRC），即人进行信息加工时，接受的输入信息（刺激，Stimulus）与加工结果（反应，Response）之间的一致性、相似性，能简化个体的信息加工过程，并提高加工的绩效，从而获得较快较好的加工效率。近半个世纪以来，认知心理学、工程心理学对相容性的本质、类型和特点进行了深入的研究。

研究发现：相容性不仅存在于刺激与反应之间，也存在于刺激与刺激、反应与反应之间，甚至线索与刺激或线索与反应之间。总之，信息加工过程的任何两个集合之间，都存在相容性的效应，相容性原理是贯穿人类整个信息加工过程的基本特征之一。

在设计中，为了使产品更具有易用性，系统中由人操作使用的控制器就要尽可能使操作者容易使用，从而提高操作效率。设计中易用性的运用包括控制器与显示器的对应关系以及控制器运动的设置，这与空间刺激—反应相容性具有密切的关系。Fitts 等人研究发现，以出现于左右位置的信号为刺激，最相容的反应应该是与刺激一致的左右空间位置，也就是说对左边的刺激进行左边位置的反应效果最好。Chapaniz 对多个刺激与反应的研究也证明，显示器与控制器在空间位置排列的对应或一致能有效地提高操作的效率，这也是一般意义中显示与控制的相容性原则。此外，Marrin 对空间刺激—反应相容性的研究还回答了多个空间显示信号与一个控制间的设置关系，以控制器的移动方向朝向显示信号时，操作结果最好。Simon 的研究还表明尽管信号出现的空间位置是与反应任务无关的一个因素，但是它仍然直接影响了反应的结果，例如，以语音为刺激信号时，也要充分地考虑声音出现的空间位置与任务反应的空间朝向的一致性。

总之，空间刺激—反应相容性的一系列研究提示设计者，在设置刺激信号与反应控制的关系时，要密切关注两者的空间位置关系，即使当刺激信号的空间位置与任务要求无关时，也要注意两者的空间关系，尽量地保证它们的空间相容。

除了空间刺激—反应相容性之外，还存在着设计中可懂性原则与语义刺激—反应相容性之间的密切联系。可懂性原则是规定刺激信号与任务要求关系应遵循的基本原则，使操作者能迅速明确该信号所要求的正确反应，尽快地完成任务。语义刺激—反应相容性可以较好地解释这一原则的含义及运用。

语义刺激—反应相容性是指刺激和反应在非空间的概念维度上具有的对应性。Kornblum 等人从维度重合的角度揭示了语义刺激—反应相容性的本质，他认为当刺激和反应具有相同或相似的特征时，也就是它们维度重合的时候，刺激的出现能自动激活相容的反应，从而提高整个信息加工的效率，带来语义刺激—反应相容性效应。例如，对视觉空间刺激而言，相容反应主要是手臂的指向运动，而言语刺激的相容反应则是口语报告；在刺激集合与反应集合维度重合的基础上，进一步的维度重合发生在单个刺激与反应之间，例如，对视觉数字刺激而言，最相容的反应是对数字的直接命名，而其次是对数字的简单加减运算，最不相容的条件是对数字的随机命名。语义刺激—反应相容性的概念要求所有任务设计要遵循刺激信号与反应在集合水平上尽可能地做到维度重合，并在单个信号与任务匹配时注意两者在元素水平上的维度重合。

近年来，随着认知神经科学的发展，研究者对刺激—反应相容性的研究已经扩展到脑成像的领域，从认知、神经活动等维度进行多层次的研究成为当前这一领域研究的主流，而最具有影响力的理论解释主要来自于认知控制的研究。

1.2　认知控制研究概述

1.2.1　认知控制的概念

日常生活中，我们常常需要面对一些变化的环境、复杂的任务要求及繁多的信息资源，这时往往需要利用认知控制来调节自身的行为。比如，办公室里的座机和桌子上的手机同时响起，我们需要思考并决定先接哪一个来电；在上班的路上，因道路维修而暂时封堵时，我们会改走其他线路。这种根据当前目标和环境中的刺激变化，协调认知加工以灵活调节行为的能力便是认知控制（cognitive control）[1][2]。当人们需要克服自动化的行为，或者在不熟悉的、危险的任务中，以及需要规划和决策时，认知控制能力显得更为重要[3][4]。

1.2.2　认知控制的常用范式

认知控制涉及非常广泛的心理过程和行为范式，为了从这些纷繁复杂的现象形成统一的理论构架，研究者进行了大量的研究。在实验研究中，研究认知控制通常采用冲突范式，比如 Eriksen Flanker 任务[5]、Simon 任务[6] 和 Stroop 任务[7]，如图 1-2。在这些任务中，任务无关的刺激—反应映射（stimulus–response mappings，S–R）干扰了任务相关的刺激—反应联结，引发了认知加工中的冲突。解决冲突增加了反应时间，因此这类效应也称为冲突效应。

冲突效应通常用来探讨静态的认知控制，即比较冲突条件与非冲突条件下，认知控制系统如何实施控制以减少冲突。除此之外，研究者通常还采用冲突适应效应[8] 和比例一致效应[9] 来探讨认知控制的动态变化。

1. Stroop 任务

在 Stroop 任务中，刺激材料为着色的颜色词，要求被试忽略色词的词义而对色词的颜色进行反应[10]。当颜色词的词义与颜色信息一致时，被试的反应将快

---

① MILLER E K，COHEN J D. An integrative theory of prefrontal cortex function [J]. Annu Rev Neurosci，2001，24（1）：167–202.

② 岳珍珠，张德玄，王岩. 冲突控制的神经机制 [J]. 心理科学进展，2004，12（5）：651–660.

③ GAZZANIGA M，IVRY R，MANGUN G. Learning and memory [J]. Cognitive neuroscience：The biology of the mind，2009，312–363.

④ 刘勋，南威治，王凯，等. 认知控制的模块化组织 [J]. 心理科学进展，2013，21（012）：2091–2102.

⑤ BOTVINICK，NYSTROM L E，FISSELL K，et al. Conflict monitoring versus selection–for–action in anterior cingulate cortex [J]. Nature，1999，402（6758）：179–181.

⑥ HOMMEL B，PROCTOR R W，VU K P. A feature–integration account of sequential effects in the Simon task [J]. Psychol Res，2004，68（1）：1–17.

⑦ EGNER T，HIRSCH J. Cognitive control mechanisms resolve conflict through cortical amplification of task–relevant information [J]. Nature neuroscience，2005，8（12）：1784–1790.

⑧ GRATTON G，COLES M G H，DONCHIN E. Optimizing the use of information：Strategic control of activation of responses [J]. Journal of Experimental Psychology：General，1992，121（4）：480–506.

⑨ FUNES M J，LUPIáñEZ J，HUMPHREYS G. Sustained vs. transient cognitive control：Evidence of a behavioral dissociation [J]. Cognition，2010，114（3）：338–347.

⑩ STROOP J R. Studies of interference in serial verbal reactions [J]. Journal of experimental psychology，1935，18（6）：643.

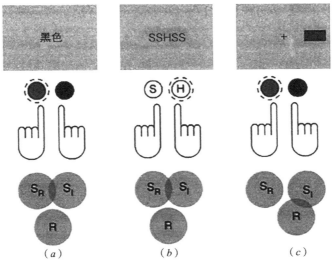

图 1-2　Stroop，Flanker，Simon 范式示例图
（图片来源：EGNER T. Multiple conflict-driven control mechanisms in the human brain [J].
Trends Cogn Sci，2008，12（10）：374-380.）

于当两者不一致的条件，因此，Stroop 效应反映了色词无关的字义信息对加工相关的颜色信息时的干扰效应（如，对红色的"蓝"字的反应要慢于红色的"红"字的反应）。一般认为，字义加工是生活中更常遇到的，因此其自动化程度高于颜色命名的自动化程度，从而对后者的加工产生了干扰[1]。

2. Flanker 任务

在 Flanker 任务，要求被试对屏幕中间的目标刺激做出反应，而忽略侧部的刺激，当目标刺激与侧部刺激一致时，被试的反应时要快于二者不一致时的反应时[2]。这种干扰效应反映了需要忽略的侧部刺激仍然进入了知觉加工并对中央刺激的加工产生了干扰[3]。例如，给被试呈现由"H"和"S"组成的字母序列，要求被试对中间的字母做出反应而忽视旁边的字母。一致条件为所有字母相同，如都为"H"或都为"S"；不一致条件为目标刺激与干扰刺激不同,如中间是"H"而两侧为"S"。

① POLK T A，DRAKE R M，JONIDES J J，et al. Attention enhances the neural processing of relevant features and suppresses the processing of irrelevant features in humans：a functional magnetic resonance imaging study of the Stroop task [J]. The Journal of Neuroscience，2008，28（51）：13786-13792.

② ERIKSEN B A，ERIKSEN C W. Effects of noise letters upon the identification of a target letter in a nonsearch task [J]. Perception & psychophysics，1974，16（1）：143-149.

③ SANDERS A，LAMERS J. The Eriksen flanker effect revisited [J]. Acta Psychologica，2002，109（1）：41-56.

3. Simon 任务

在 Simon 任务中，刺激的位置与任务无关，但刺激位置与反应位置在身体同侧时会比二者在不同侧时反应时间更短、准确率更高[①]。例如，要求被试坐在有两个按键的电脑显示器前，告知他们根据屏幕上的颜色块的颜色做反应，看到红色就按左键，看到绿色就按右键，同时忽略颜色块出现的位置。通常被试对出现在屏幕左侧的红色刺激比出现在右侧的红色刺激更快，绿色刺激出现相同的情况。

4. 冲突适应效应

冲突适应（Conflict adaption，CA）效应，也叫做 Gratton 效应或顺序效应，是指在冲突任务中，当前试次的冲突效应量会受到前一试次一致性调节的现象，也就是说，前一个试次是不一致条件时，较前一个试次是一致条件时，当前试次的冲突效应会减小[②]。Nieuwenhuis 等[③]给出了一个以反应时为指标计算冲突适应效应的公式：CA 效应 =（RTcI - RTcC）-（RTiI - RTiC）。其中的下标表示顺序试次的类型，cI 表示前一试次为一致当前试次为不一致的试次；cC 表示前后都为一致条件的试次；iI 表示前后都为不一致的试次；iC 表示前一试次为不一致，当前试次为一致的试次。

Gratton 等[④]采用 Flanker 任务首次发现了顺序效应，后续研究在 Simon 任务和 Stroop 任务中同样也发现了顺序效应[⑤~⑧]。

5. 比例一致效应

比例一致效应是指，在冲突任务中，冲突效应量的大小会随着任务中一致

① HOMMEL B. The Simon effect as tool and heuristic [J]. Acta Psychologica，2011，136（2）：189–202.

② GRATTON G，COLES M G H，DONCHIN E. Optimizing the use of information：Strategic control of activation of responses [J]. Journal of Experimental Psychology：General，1992，121（4）：480–506.

③ NIEUWENHUIS S，STINS J F，POSTHUMA D，et al. Accounting for sequential trial effects in the flanker task：Conflict adaptation or associative priming? [J]. Memory & cognition，2006，34（6）：1260–1272.

④ GRATTON G，COLES M G H，DONCHIN E. Optimizing the use of information：Strategic control of activation of responses [J]. Journal of Experimental Psychology：General，1992，121（4）：480–506.

⑤ KERNS J G. Anterior cingulate and prefrontal cortex activity in an FMRI study of trial–to–trial adjustments on the Simon task [J]. Neuroimage，2006，33（1）：399–405.

⑥ KERNS J G，COHEN J D，MACDONALD A W，et al. Anterior cingulate conflict monitoring and adjustments in control [J]. Science，2004，303（5660）：1023–1026.

⑦ LARSON M J，KAUFMAN D A，PERLSTEIN W M. Neural time course of conflict adaptation effects on the Stroop task [J]. Neuropsychologia，2009，47（3）：663–670.

⑧ WUHR P，ANSORGE U. Exploring trial–by–trial modulations of the Simon effect [J]. Quarterly Journal of Experimental Psychology Section a–Human Experimental Psychology，2005，58（4）：705–731.

试次与不一致试次的比例变化而变化[①]。在多数试次为不一致试次时，冲突效应减小（例如，不一致与一致试次的比例为：80%：20%），而在多数试次为一致试次时，冲突效应增大（例如，20%：80%）。比例一致效应也可以在 Stroop，Flanker 和 Simon 三种干扰任务中观察到[②③]。

1.2.3　认知控制的理论

Stroop 等干扰效应，一般也称为刺激—反应相容性效应（stimulus-response compatibility），主要归因于反应选择阶段的加工。多数刺激—反应相容性的模型都假设存在两个反应选择通路，一般被称为直接与间接，或有意转换与自动化[④]。这些模型中，得到最广泛引用的便是 Kornblum，Hasbroucq 和 Osman[⑤] 提出的维度重叠模型（Dimensional overlap model）。根据这一模型，当刺激与反应维度是重叠或相似时，例如刺激与反应均为左右位置时，刺激经由自动化的通路激活一致的反应。这种激活的产生，不考虑刺激的维度是否与任务相关或无关，也不考虑刺激与反应的映射是相容或不相容。对相关刺激维度的反应选择经由转换通路产生，通过寻找可能的替代选择或者转换规则的应用来实现，称之为反应确认。然后，自动激活的反应与经由转换通路确认的反应进行比较，如果两者是相同的，反应得到执行；如果自动激活的反应与确认的反应不一致，那么自动激活的反应就被抑制，确认的反应被恢复并得以执行。

维度重叠模型从认知过程的角度解释了干扰效应，此外，认知控制的研究也对干扰效应给出了解释。其中比较有影响的是冲突监测模型[⑥]，该理论认为，冲突的出现引发了更多控制的需要。冲突可以通过 Hopfield 能量来进行测量[⑦]，

① LOGAN G D, ZBRODOFF N J. When it helps to be misled：Facilitative effects of increasing the frequency of conflicting stimuli in a Stroop-like task [J]. Memory & cognition，1979，7（3）：166-174.

② BOTVINICK, NYSTROM L E, FISSELL K, et al. Conflict monitoring versus selection-for-action in anterior cingulate cortex [J]. Nature，1999，402（6758）：179-181.

③ BOTVINICK, BRAVER, BARCH, et al. Conflict monitoring and cognitive control [J]. Psychol Rev，2001，108（3）：624-652.

④ HOMMEL B, PRINZ W. Theoretical issues in stimulus-response compatibility. [M]. Amsterdam： North-Holland. ed.，1997.

⑤ KORNBLUM S, HASBROUCQ T, OSMAN A. Dimensional overlap：cognitive basis for stimulus-response compatibility-a model and taxonomy [J]. Psychol Rev，1990，97（2）：253-270.

⑥ BOTVINICK, BRAVER, BARCH, et al. Conflict monitoring and cognitive control [J]. Psychol Rev，2001，108（3）：624-652.

⑦ HOPFIELD J J. Neural networks and physical systems with emergent collective computational abilities [J]. Proceedings of the national academy of sciences，1982，79（8）：2554-2558.

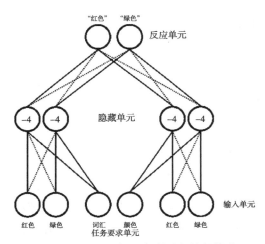

图 1-3　Cohen（1990）的认知控制模型

（图片来源：COHEN J D，DUNBAR K，MCCLELLAND J L. On the control of automatic processes：a parallel distributed processing account of the Stroop effect [J]. Psychological review，1990，97（3）：332.）

Hopfield 能量表征了当前激活的多种相互抵制反应的表征间的竞争。监测单元通过评估当前冲突后将冲突信号传递给控制执行单元，后者通过增强任务相关信息的加工来实施控制。控制的强度是与冲突成比例的，因此，增强的控制可能会减少随后认知加工中的冲突。

　　冲突监测模型源自 Cohen 等人[①] 提出的一个模型，如图 1-3，以 Stroop 任务为例，Cohen 等人假设模型由一个颜色加工的通路和一个词汇加工的通路组成。这些通路产生激活,然后到达一个共同的反应单元。在这些反应单元间存在竞争，Botvinick[②] 采用信息加工的冲突来作为指标。考虑到平时，我们更多地进行文字阅读而不是颜色命名，在词汇单元与反应单元间的连通权重要更强于颜色单元和反应单元间的连通。连通权重上的差异导致了不对称的干扰模式，这里词汇对颜色比颜色对词汇有更多的干扰。这种在两个加工通路上连通强度的不对称性产生了一种选择性注意机制的需要，否则这个模型只需要在每个试次中简单地阅读词汇就可以了。在 Cohen 等人的模型中，选择性注意通过任务要求单元的设置而具体化，随后冲突被放置在前额叶，前额叶进而增强了相关通路的活动。

---

① COHEN J D，DUNBAR K，MCCLELLAND J L. On the control of automatic processes：a parallel distributed processing account of the Stroop effect [J]. Psychological review，1990，97（3）：332.

② BOTVINICK M M，COHEN J D，CARTER C S. Conflict monitoring and anterior cingulate cortex：an update [J]. Trends Cogn Sci，2004，8（12）：539–546.

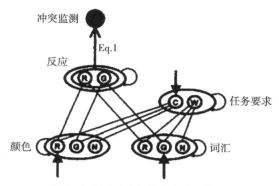

图 1-4 Botvinick 的冲突监测模型

（图片来源：BOTVINICK，BRAVER，BARCH，et al. Conflict monitoring and cognitive control [J]. Psychol Rev，2001，108（3）：624-652.）

在 Botvinick[1] 的模型中，冲突监测释放一个信号到任务要求单元，改变了它对颜色通路的输入，因此增强了输入反应节点的连通性，如图 1-4。

在 Botvinick 等人的冲突监测模型里，监测单元是由前扣带回（anterior cingulate cortex，ACC）来负责的，而背外侧前额叶（Dorsal lateral prefrontal cortex，DLPFC）更多地涉及控制的实施。大量研究表明，引起 ACC 激活的冲突情境主要有 3 种：（1）克服与任务无关的优势反应（response override）；（2）可能引起被试犯错误的任务的情境（error commission）；（3）要求被试在一系列同等权重的反应中做出选择（underdetermined responding）[2][3]。例如，在 Stroop 任务中，由于对词的阅读是一种很强的自动化反应，会干扰对刺激颜色的命名。当命名颜色时，被试需要克服对词本身阅读的干扰。研究发现 Stroop 任务中，与一致条件和中性条件相比，ACC 在不一致条件下有更大的激活[4]。这一现象在其他要求抑制优势反应的任务中也被发现。在另一项研究中，研究者要求被试在一种条件下命名单个呈现的字母：B、J、Q、Y，而在另一种条件下根据一种简单的规则用同一组内的不同字母来命名当前出现的字母（如，出现 J 时，反应

---

① HOPFIELD J J. Neural networks and physical systems with emergent collective computational abilities [J]. Proceedings of the national academy of sciences，1982，79（8）：2554-2558.

② BOTVINICK M M，COHEN J D，CARTER C S. Conflict monitoring and anterior cingulate cortex：an update [J]. Trends Cogn Sci，2004，8（12）：539-546.

③ 岳珍珠，周晓林. 前扣带皮层与冲突控制 [J]. 西南师范大学学报（人文社会科学版），2005.

④ PARDO J V，PARDO P J，JANER K W，et al. The anterior cingulate cortex mediates processing selection in the Stroop attentional conflict paradigm [J]. Proceedings of the national academy of sciences，1990，87（1）：256-259.

为 Y）。第二种条件要求被试克服读取字母本身的优势反应，结果发现了冲突情境下 ACC 的激活[①]。类似地，在整体—局部范式、Simon 任务、Go/No-Go 范式和多种 Flanker 任务中都发现了不一致条件下 ACC 的激活。此外，一些研究也发现了 ACC 的活动与错误反应相关。其中常用的一个指标是错误相关负波（Error-related negativity，ERN），一般表现为个体在做出错误反应后的 150ms 内电位的明显负偏转，在 100 ms 左右波幅达到峰值。ERN 是错误监控的一个主要反映指标，该成分只有在个体做出错误行为之后才会出现，当要求反应速度越快时，其犯错的概率越大，随之 ERN 的波幅也越大[②]。偶极子分析和事件相关 fMRI 的研究都发现，ERN 和错误反应定位于 ACC 皮层较大的激活。

　　而对于 DLPFC，相当多的研究表明其负责冲突的解决和评估执行控制的需要。例如，Gehring 和 Knight[③] 发现，与正常人相比，单侧 PFC 操作的病人表现出更强的错误反应趋势，纠正错误的行为也有所减少，但其错误后减慢（post-error slowing）的过程却是完好的。这说明病人对冲突侦测的能力是完好的，能够检测出干扰刺激、冲突的存在，但是对冲突的控制、对干扰的抑制能力受损。有研究者认为 PFC 通过表征任务来实行控制功能[④]。这些表征使得任务相关的信息得到加工，而任务无关的信息得到抑制，从而减小了反应冲突。PFC 的损伤使得与任务相关的表征减弱，但无关刺激的表征却增强，所以竞争活跃，导致反应冲突增大，从而使病人的错误率增高。

　　DLFPC 计算当前的任务情境并且提供一种自上而下的偏向信号，这种信号加强了与任务相关的反应路径[⑤]。Enger 和 Hirsh（2005）以人物面孔作为实验材料，操纵一个类似 Stroop 的任务，结果发现，DLPFC 在高冲突条件的激活显著大于低冲突条件，更重要的是功能连通性分析（functional connectivity analysis）显示梭状回（Fusiform face area，FFA）与右侧 DLPFC 之间的功能连通性在高

① TAYLOR S F, KORNBLUM S, MINOSHIMA S, et al. Changes in medial cortical blood flow with a stimulus-response compatibility task [J]. Neuropsychologia, 1994, 32（2）: 249-255.
② GEHRING W J, GOSS B, COLES M G, et al. A neural system for error detection and compensation [J]. Psychological science, 1993, 4（6）: 385-390.
③ GEHRING W J, KNIGHT R T. Prefrontal - cingulate interactions in action monitoring [J]. Nature neuroscience, 2000, 3（5）: 516-520.
④ EGNER T, HIRSCH J. Cognitive control mechanisms resolve conflict through cortical amplification of task-relevant information [J]. Nature neuroscience, 2005, 8（12）: 1784-1790.
⑤ 岳珍珠，张德玄，王岩. 冲突控制的神经机制 [J]. 心理科学进展, 2004, 12（5）: 651-660.

冲突条件下显著增强。而梭状回是一个与面孔加工有关的视觉加工区[1]，因此也证实了 DLPFC 是通过增强对任务相关信息的加工而不是抑制与任务无关信息的加工来实施控制的。

认知控制的冲突监测模型可以解释很多种行为和成像结果，得到了大量研究的支持。比如，冲突任务中的 Gratton（或称顺序）效应[2]和比例一致效应[3]。对于顺序效应，根据冲突监测模型的解释，在不一致试次中有更多的冲突，导致了认知控制的增大。因此，在不一致试次后的试次中会有更多的控制，导致了冲突的减小（在反应时出现更小的冲突效应可以作为证据）。Botvinck 等人[4]在实验中利用 Flanker 任务实现了控制过程和冲突程度的分离，实验结果发现，在 CI 情景下 ACC 的激活程度最高，表明冲突程度是与激活程度成正比的，这与冲突监测理论的预测是一致的。其他的一些研究也证实了上述冲突适应的解释，而不是知觉或反应启动的解释[5]。比例一致效应也可以由冲突监测模型来解释。与 Gratton 效应相似，在多数不一致试次时，控制增加导致了冲突的减小。Carter 等人[6]利用 Stroop 任务，通过操纵被试对不一致性试次和一致性试次出现比例的期待来实现控制过程和冲突过程的分离。实验分为两种情景，一种情况下，80% 的试次是一致性试次，20% 的试次是不一致性试次。另一种情况下 80% 的试次是不一致性试次，20% 的试次是一致性试次。他们假设在第一种情况下，由于一致性试次占绝大多数，被试的控制水平较低，不一致性试次情境下的冲突就会较高。相反在第二种情况下，由于不一致性试次占绝大多数，被试的控制程度较高，不一致性试次的冲突就会较低。所以第一种情况下 ACC 的激活程度较高。这些预测与实验结果是一致的。

① KANWISHER N, MCDERMOTT J, CHUN M M. The fusiform face area : a module in human extrastriate cortex specialized for face perception [J]. The Journal of Neuroscience, 1997, 17（11）: 4302–4311.

② GRATTON G, COLES M G H, DONCHIN E. Optimizing the use of information : Strategic control of activation of responses [J]. Journal of Experimental Psychology : General, 1992, 121（4）: 480–506.

③ FUNES M J, LUPIáñEZ J, HUMPHREYS G. Sustained vs. transient cognitive control : Evidence of a behavioral dissociation [J]. Cognition, 2010, 114（3）: 338–347.

④ BOTVINICK, NYSTROM L E, FISSELL K, et al. Conflict monitoring versus selection–for–action in anterior cingulate cortex [J]. Nature, 1999, 402（6758）: 179–181.

⑤ MAYR U, AWH E, LAUREY P. Conflict adaptation effects in the absence of executive control [J]. Nature neuroscience, 2003, 6（5）: 450–452.

⑥ CARTER C S, MACDONALD A M, BOTVINICK M, et al. Parsing executive processes : strategic vs. evaluative functions of the anterior cingulate cortex [J]. Proceedings of the National Academy of Sciences of the United States of America, 2000, 97（4）: 1944–1948.

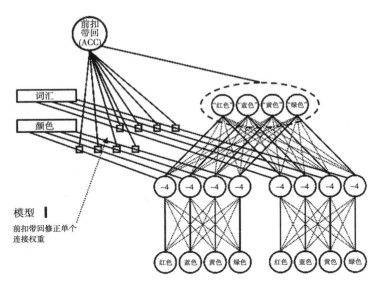

图 1-5　Blais 等人（2007）的认知控制模型

（图片来源：BLAIS C，ROBIDOUX S，RISKO E F，et al. Item-specific adaptation and the conflict-monitoring hypothesis：a computational model [J]. Psychol Rev，2007，114（4）：1076-1086.）

　　然而，近年来一些研究的结果对冲突监测模型提出了质疑，特别是关于认知控制实施是在整体水平，还是在单个项目水平上这一议题，引起了大量研究的争论[1-3]。Blais 等人[1]进而提出了改进版的冲突监测模型。与冲突监测模型的主要差异在于，Blais 等人认为控制是在项目水平（item level）上实施的。他们修改了从任务要求单元到与试次中任务相关的颜色相联结的隐藏单元之间的连通。如图 1-5 所示，以 Stroop 任务为例，如果任务是颜色命名，前一个试次是由蓝色呈现的"红"字（一个不一致试次），当前试次的控制将是大的，因此，在呈现颜色（蓝色）上的相连接权重是增加的，以反映增加的注意。相反地，如果前一个试次是一致的（例如，红色呈现的"红"字），控制是相对小的，在呈现颜色（红色）上的连通权重将变小。控制的实施是两种模型唯一的不同。

　　Blais 等人的模型虽然解释了一些冲突监测模型难以解决的现象，但他们

① BLAIS C，ROBIDOUX S，RISKO E F，et al. Item-specific adaptation and the conflict-monitoring hypothesis：a computational model [J]. Psychol Rev，2007，114（4）：1076-1086.
② VERGUTS T，NOTEBAERT W. Hebbian learning of cognitive control：Dealing with specific and nonspecific adaptation [J]. Psychol Rev，2008，115（2）：518-525.
③ VERGUTS T，NOTEBAERT W. Adaptation by binding：A learning account of cognitive control [J]. Trends Cogn Sci，2009，13（6）：252-257.

也面临着一些问题，例如，这个模型很难解释 Gratton 效应 [①]。因此，Verguts 和 Notebaert [①] 提出了控制调节的 Hebbian 学习（Hebbian learning）。Hebbian 学习是一种神经网络学习，指同一时间被激发的神经元之间的联系会被强化。他们认为冲突，就像在不一致的 Stroop 任务中经历的那样，会触发一个相位唤醒反应。增强的唤醒会增大同一时间激活的所有表征的 Hebbian 学习率，因此增强了刺激和相关任务表征间的联结学习。这些联结的强化使下一个试次中被它们激活的反应变快。Verguts 和 Notebaert [②] 还正式提出，ISPC 效应是由于具有可变的学习率参数的 Hebbian 学习规则造成的，这个参数是和每个试次中所经历的冲突（与随后的唤醒）的程度成比例的。因此，在一个色—词 Stroop 任务中，命名用蓝色墨水呈现的"红"时，根据冲突监测假说 [③]，冲突监测系统能发现由不一致试次诱发的冲突。而根据 Verguts 和 Notebaert 的模型，冲突调节唤醒后增大了 Hebbian 学习，更新了刺激和任务要求表征间连通的权重。当下一次词汇"红"是呈现为蓝色时，相应的连通被强化，Stroop 干扰效应减小。一个特定项目越频繁，与这个项目相联结的操作提高得就越显著。Verguts 和 Notebaert 还提出了一个冲突调节的 Hebbian 学习的神经机制，如图 1-6 所示。与冲突监测假设相似，他们认为冲突由 ACC 检测。随后 ACC 触发一个蓝斑（locus coeruleus，LC）的相位反应，LC 激活导致神经递质去甲肾上腺素（norepinephrine，NE）的扩散，而去甲肾上腺素激活的脑干细胞核具有调节唤醒的主要作用，通过它广泛传递上升后扩散至大脑 [④]。这个被看作是强化了 Hebbian 学习 [⑤~⑦]。

① VERGUTS T，NOTEBAERT W. Hebbian learning of cognitive control：Dealing with specific and nonspecific adaptation [J]. Psychol Rev，2008，115（2）：518-525.

② VERGUTS T，NOTEBAERT W. Adaptation by binding：A learning account of cognitive control [J]. Trends Cogn Sci，2009，13（6）：252-257.

③ BOTVINICK，BRAVER，BARCH，et al. Conflict monitoring and cognitive control [J]. Psychol Rev，2001，108（3）：624-652.

④ SARA S J. The locus coeruleus and noradrenergic modulation of cognition [J]. Nature reviews neuroscience，2009，10（3）：211-223.

⑤ BERRIDGE C W，WATERHOUSE B D. The locus coeruleus‐noradrenergic system：modulation of behavioral state and state-dependent cognitive processes [J]. Brain Research Reviews，2003，42（1）：33-84.

⑥ BOURET S，SARA S J. Network reset：a simplified overarching theory of locus coeruleus noradrenaline function [J]. Trends in neurosciences，2005，28（11）：574-582.

⑦ NIEUWENHUIS S，FORSTMANN B U，WAGENMAKERS E-J. Erroneous analyses of interactions in neuroscience：a problem of significance [J]. Nature neuroscience，2011，14（9）：1105-1107.

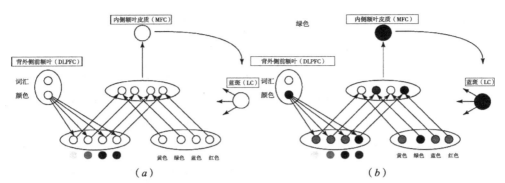

图 1-6　Verguts 等人（2008，2009）的认知控制模型

（图片来源：a. VERGUTS T，NOTEBAERT W. Hebbian learning of cognitive control：Dealing with specific and nonspecific adaptation [J]. Psychol Rev，2008，115（2）：518–525.

b.VERGUTS T，NOTEBAERT W. Adaptation by binding：A learning account of cognitive control [J]. Trends Cogn Sci，2009，13（6）：252–257.）

第 2 章

体验中的刺激——反应联结学习

刺激—反应的联结是刺激—反应相容性研究的重要方面之一，这种刺激—反应联结通常是在人们的体验中有意识或无意识习得的。在实验室中，研究刺激—反应联结的一种重要范式是比例一致效应。

2.1　比例一致效应

比例一致效应是认知控制研究中常用的一种范式，它在不同的冲突范式中广泛存在，而且还有三种不同的操作形式。分别为列表范围比例一致（list-wide proportion congruent，LWPC），项目特异比例一致（Item-specific proportion congruent，ISPC），情境特异比例一致（Context-specific proportion congruent，CSPC）。

列表范围比例一致是指在实验组块（block）内改变一致与不一致试次的比率。比如，多数一致的组块可能是由 75% 的一致试次与 25% 的不一致试次组成，而多数不一致的组块可能是由 25% 的一致试次与 75% 的不一致试次组成。先前大量研究已经发现，与多数不一致的组块相比，多数一致的组块中的冲突效应（如 Stroop 效应）更大，这种现象称之为列表范围比例一致效应 [1~8]。

项目特异比例一致是指比例操作是在单个项目上进行，而不是在列表范围进行 [9]。在这里，不同的项目集被分配不同的一致性比率。例如，Jacoby 等人（2003）的实验中，词语"红色"和"白色"是 80% 一致和 20% 不一致，而词语"黑色"

① LOGAN G D, ZBRODOFF N J. When it helps to be misled : Facilitative effects of increasing the frequency of conflicting stimuli in a Stroop-like task [J]. Memory & cognition, 1979, 7（3）: 166-174.

② SHOR R E. An auditory analog of the Stroop test [J]. Journal of General Psychology, 1975.

③ LOWE D G, MITTERER J O. Selective and divided attention in a Stroop task [J]. Canadian Journal of Psychology/Revue canadienne de psychologie, 1982, 36（4）: 684.

④ LOGAN, ZBRODOFF N J, WILLIAMSON J. Strategies in the color-word Stroop task [J]. Bulletin of the Psychonomic Society, 1984, 22（2）: 135-138.

⑤ CHEESMAN J, MERIKLE P M. Distinguishing conscious from unconscious perceptual processes [J]. Canadian Journal of Psychology/Revue canadienne de psychologie, 1986, 40（4）: 343.

⑥ LINDSAY D S, JACOBY L L. Stroop process dissociations : The relationship between facilitation and interference [J]. Journal of Experimental Psychology-Human Perception and Performance, 1994, 20（2）: 219-234.

⑦ WEST R, BAYLIS G C. Effects of increased response dominance and contextual disintegration on the Stroop interference effect in older adults [J]. Psychology and aging, 1998, 13（2）: 206.

⑧ KANE M J, ENGLE R W. Working-memory capacity and the control of attention : the contributions of goal neglect, response competition, and task set to Stroop interference [J]. Journal of Experimental Psychology : General, 2003, 132（1）: 47.

⑨ JACOBY L L, LINDSAY D S, HESSELS S. Item-specific control of automatic processes : stroop process dissociations [J]. Psychonomic Bulletin & Review, 2003, 10（3）: 638-644.

和"绿色"是 20% 一致和 80% 不一致。多数一致和多数不一致的项目随机混合，导致了在列表范围内一致与不一致的试次均为 50%。

情境特异比例一致是指比率变化发生在情境中，而刺激项目并不发生改变。Crump 等人[①] 采用启动—探测范式的 Stroop 任务，首先在注视点位置出现一个（启动）词，随后在注视点的上方或下方随机出现一个一致的或不一致的颜色方块（探测）。颜色方块的位置被定义为比例一致操作的情境。例如，在多数一致条件下，75% 的颜色方块出现在注视点上方，而在多数不一致条件下，75% 的颜色方块出现在注视点下方。像 ISPC 一样，LWPC 也是由 50% 的一致和不一致试次组成。这里也发现 Stroop 效应在多数一致的条件下要显著大于多数不一致的条件，并且这种现象也稳定地出现在传统的 Stroop 范式中[②]。

2.1.1　比例一致效应的理论解释

目前对比例一致效应的解释主要有两种理论：注意调节理论（attention modulation account）[③④] 和学习理论（learning account）[⑤]。

1. 注意调节理论

注意调节理论认为被试可以策略性地在刺激的相关或无关维度之间分配注意。在多数不一致条件下，被试对刺激相关维度分配的注意显著增加[⑥]。因为，在多数一致的条件下，无关维度有很大可能是相关维度（比如：反应）的有效线索。在比例一致的操纵中，被试能够预期将要进行的试次，主动调节控制。以色—词 Stroop 任务为例，在高一致条件下，当被试预期会出现一个一致试次时，他们可能有意地把更多的注意放在词义的加工上，因为词义通常与反应相一致，

① CRUMP M J C, GONG Z, MILLIKEN B. The context-specific proportion congruent Stroop effect：Location as a contextual cue [J]. Psychonomic Bulletin & Review（pre-2011），2006，13（2）：316–321.
② BUGG J M, JACOBY L L, TOTH J P. Multiple levels of control in the Stroop task [J]. Memory & Cognition（pre-2011），2008，36（8）：1484–1494.
③ LOGAN G D, ZBRODOFF N J. When it helps to be misled：Facilitative effects of increasing the frequency of conflicting stimuli in a Stroop-like task [J]. Memory & cognition，1979，7（3）：166–174.
④ BOTVINICK, BRAVER, BARCH, et al. Conflict monitoring and cognitive control [J]. Psychol Rev, 2001, 108（3）：624–652.
⑤ SCHMIDT J R, BESNER D. The Stroop effect：Why proportion congruent has nothing to do with congruency and everything to do with contingency [J]. Journal of Experimental Psychology-Learning Memory and Cognition, 2008，34（3）：514–523.
⑥ BRAVER T S. The variable nature of cognitive control：a dual mechanisms framework [J]. Trends Cogn Sci, 2012，16（2）：106–113.

这样的策略可以加速一致试次的加工，而对不一致试次产生更大的干扰，从而增加了 Stroop 效应。而当不一致试次被预期时，被试加倍地过滤了词汇信息（避免词汇被加工）。将更多的注意资源放在相关维度，即颜色的加工上，而忽略词汇含义的加工。这一策略减慢了一致试次的确认，加速了不一致试次的确认，减小了 Stroop 效应。而且，Lindsay 和 Jacoby[①] 采用一个加工分离程序，证实了颜色—命名加工不受 LWPC 效应的调节，而词汇阅读加工受到 LWPC 效应的影响。也就是说比例一致性的操纵选择性的调节刺激无关维度（词汇）的注意，而不影响刺激相关维度（颜色）的注意。

在注意调节的框架下，主要有三种理论得到较多的关注，分别是冲突监测理论（conflict-monitoring theory）[②③]、控制的双机制解释（dual-mechanisms-of-control account）[③] 和整合的适应理论（adaptation-by-binding account）。

冲突监测理论认为前扣带回是冲突监测单元，它负责对先前试次中的冲突进行累积记录，而后将冲突信息传递到执行控制单元背外侧前额叶，后者通过偏置注意资源来对任务无关信息的加工实施控制[④]。在多数试次为不一致试次的条件下，认知控制增加，因此，减少了冲突的发生。Botvinick 等人用他们的模型模拟了这种数据变化的模式。随着一致试次比例的增加，系统中冲突的量减小（例如，从任务要求单元到颜色通路的输入）。而自上而下的控制减小引发了更大的 Stroop 效应，因为词汇通路对反应节点产生了更强的影响。因此，冲突监测理论实现了在脑活动和行为研究中认知控制的计算神经网络模型的解释[⑤]。

冲突监测理论很好地解释了 LWPC 效应，但很难解释 ISPC 和 CSPC 效应。因为冲突监测模型认为控制是在颜色通路的水平上实施的，而不是在单

---

① LINDSAY D S, JACOBY L L. Stroop process dissociations：The relationship between facilitation and interference [J]. Journal of Experimental Psychology–Human Perception and Performance，1994，20（2）：219–234.

② BOTVINICK，BRAVER，BARCH，et al. Conflict monitoring and cognitive control [J]. Psychol Rev，2001，108（3）：624–652.

③ BLAIS C，ROBIDOUX S，RISKO E F，et al. Item-specific adaptation and the conflict-monitoring hypothesis：a computational model [J]. Psychol Rev，2007，114（4）：1076–1086.

④ BOTVINICK M M，COHEN J D，CARTER C S. Conflict monitoring and anterior cingulate cortex：an update [J]. Trends Cogn Sci，2004，8（12）：539–546.

⑤ BLAIS C，ROBIDOUX S，RISKO E F，et al. Item-specific adaptation and the conflict-monitoring hypothesis：a computational model [J]. Psychol Rev，2007，114（4）：1076–1086.

个颜色表征的水平上，即是在整体水平上实施，而不是在项目水平上实施。如上所述，Botvinick 等人 [1] 的模型模拟了 LWPC 效应，通过控制调节任务要求单元去增加或减小颜色通路的输入。重要的是，增加或减小任务要求单元到颜色通路的输入会影响所有颜色的加工。以这种方式实施的控制不能去解释 ISPC 效应，因为 ISPC 效应认为控制是在单个项目上实施的。因此，研究者进一步提出了项目—特异性控制来解释 ISPC 效应，该理论认为存在一种快速的、在线的（online）、刺激驱动的注意过滤 [2]。这是因为在 ISPC 中，比例一致操纵存在于单个项目水平上，而在列表范围内一致试次与不一致试次的数量是相等的。因此，被试不能预期下一个试次是一致或不一致的，也就没有办法形成一种策略去增加或过滤对词汇阅读的注意。然而，比例一致效应依然存在。项目特异性控制解释认为单个项目与注意选择相联系，这种注意选择频繁地被应用在它们各自的项目类型上。高一致项目与弱过滤词汇信息的注意设置相联系，而高不一致项目与强过滤词汇信息的注意设置相联系。当一个项目作为一个刺激呈现在屏幕上时，它反射性地触发了与之关联的注意过滤设置，这种过滤快速调整当前注意设置去提供对 Stroop 项目的在线控制 [3]。

与之相似，双机制控制理论 [4][5] 认为存在两种控制机制，一种是前摄控制，一般在认知事件出现之前，由目标相关的信息激活持续进行控制。它作为早期选择的一种形式，是由目标驱动的选择性偏置注意、知觉和动作系统实现的。另一种是反应控制，只在需要时调节注意，是一种事后校正的机制，比如，监测后一个干扰事件后产生反应控制。因此，前摄控制依赖于干扰发生前的预期和避免干扰的心向，而反应控制则依赖于对干扰的监测。

[1] BOTVINICK, BRAVER, BARCH, et al. Conflict monitoring and cognitive control [J]. Psychol Rev, 2001, 108（3）: 624–652.

[2] JACOBY L L, LINDSAY D S, HESSELS S. Item-specific control of automatic processes: stroop process dissociations [J]. Psychonomic Bulletin & Review, 2003, 10（3）: 638–644.

[3] BLAIS C, BUNGE S. Behavioral and neural evidence for item-specific performance monitoring [J]. Journal of Cognitive Neuroscience, 2010, 22（12）: 2758–2767.

[4] BRAVER T S. The variable nature of cognitive control: a dual mechanisms framework [J]. Trends Cogn Sci, 2012, 16（2）: 106–113.

[5] BRAVER T S, GRAY J R, BURGESS G C. Explaining the many varieties of working memory variation: Dual mechanisms of cognitive control [J]. Variation in working memory, 2007, 76–106.

双机制控制建立的模型与 Botvinick 等人[1]的冲突监测模型不同之处在于冲突检测单元（用来模拟 ACC 的功能）和执行认知控制到输入层的任务单元层（用来模拟前额叶侧部的功能）。Botvinick 的模型中，只有一个冲突监测单元，用来计算反应层中 Hopfield 能量，在 Braver 等人的双机制模型中[2]，存在两个冲突监测单元，一个计算冲突——仍然是 Hopfield 能量，但主要是短时间范围内的，例如，200 时间步的活动窗口内；第二个冲突监测单元计算长时间范围的冲突，在每个试次上是保持常量的，通常是计算在反应输入的时间点之前短时间范围冲突的平均值。双机制控制模型认为，在多数一致试次中，不一致试次引发了短时间范围的冲突，使得反应控制在起作用；而在多数不一致试次中，冲突持久出现，使得持续的前摄控制在起作用（通过增大任务设置信息的持续活动）。前摄控制的增大相应地减小了反应控制的需求。

整合的适应理论也认为任务中的冲突可以在反应水平被冲突监测系统探测到。不同的地方是，该理论引入了学习机制，认为通过在线学习过程和唤醒的交互作用（在线学习又称 Hebbian 学习），实现了项目特异性的控制[3][4]。与冲突监测理论类似，该理论认为如果多数试次是不一致试次，不一致试次的冲突在反应水平被冲突监测系统（内侧额叶皮质，medial frontal cortex，MFC）探测到。与冲突监测理论不同的是，该理论认为这个冲突监测系统并不是把冲突信息传递到可以保持任务相关信息的工作记忆系统（DLPFC），而是引起了神经递质分泌系统（如蓝斑，locus coeruleus，LC）的唤醒反应。而蓝斑系统可以调节实时的 Hebbian 学习进而影响在线任务中相关刺激的主动表征，尤其是在不一致试次中，这种 Hebbian 学习会被增强。由于 Hebbian 学习可以影响相关任务的主动表征，这种学习的结果就导致了在认知控制相关的任务中表现出更好地适应[5]。正是基于这种联结学习的特性，使得在多数一致试次情境中，冲突效应增大，而

① BOTVINICK, BRAVER, BARCH, et al. Conflict monitoring and cognitive control [J]. Psychol Rev, 2001, 108（3）：624–652.

② DE PISAPIA N, BRAVER T S. A model of dual control mechanisms through anterior cingulate and prefrontal cortex interactions [J]. Neurocomputing, 2006, 69（10）：1322–1326.

③ VERGUTS T, NOTEBAERT W. Hebbian learning of cognitive control : Dealing with specific and nonspecific adaptation [J]. Psychol Rev, 2008, 115（2）：518–525.

④ VERGUTS T, NOTEBAERT W. Adaptation by binding : A learning account of cognitive control [J]. Trends Cogn Sci, 2009, 13（6）：252–257.

⑤ VERGUTS T, NOTEBAERT W. Adaptation by binding : A learning account of cognitive control [J]. Trends Cogn Sci, 2009, 13（6）：252–257.

在多数不一致试次情境中，冲突效应减小[①]。由于 Hebbian 学习的本质是一种联结的学习，因此，Verguts 和 Notebaert 认为认知控制的本质也是一个联结的过程，应该把认知控制和联结学习整合在同一个框架内。

2. 学习理论

近年来，比例一致效应的注意调节理论受到新的挑战。Schmidt 和 Besner[②] 提出了一种更简约的解释，称为可能性学习假说。他们认为比例一致效应是由于刺激—反应的可能性学习造成的。因为在 ISPC 中，项目频率作为混淆变量存在，被试可能是通过学习而对高频率出现的词汇—颜色对产生了更快的反应。这种理论认为被试可以无意识地习得刺激无关维度与反应间的可能性（例如，相关），并基于这种可能性去预期与每个无关信息来联结的特定反应。也就是说，在高一致条件下，特定的一致项目频繁的重复，而特定的不一致项目只有少量的重复。相反地，在低一致条件下，特定的一致项目极少重复，而特定的不一致项目频繁的重复。因此，被试可以习得了特定词汇（刺激的无关维度）和反应之间的联结，并用词汇去预期高可能性的反应。例如，以 Stroop 任务为例，如果词语"桔色"经常以黄颜色呈现，那么在加工"桔色"这个词时，被试将（无意识地）预期正确的反应是"黄色"。当预期反应是正确的时，这个反应预期使得被试可以缩短一些加工时间（因此加速了反应）。当一个词是准确地预期正确的反应时（例如，多数一致性试次中，以蓝色呈现的词语"蓝色"），被称为高可能性试次；而当一个词预期错误反应时（例如，多数一致性试次中，以绿色呈现的词语"蓝色"），被称之为低可能性试次；当词语不能预期特定的反应时（例如，用棕色呈现的词语"粉色"，而词语"粉色"在所有颜色上是平均呈现的），被称之为中可能性试次。与整合的适应理论不同，可能性学习假说认为比例一致效应可以完全不需要认知控制的参与。

2.1.2　比例一致效应的理论争议

为了解决认知控制研究领域的一些重要问题，研究者通过操纵比例一致效

---

① 刘培朵，杨文静，田夏，等. 冲突适应效应研究述评 [J]. 心理科学进展，2012，20（4）：532–541.

② SCHMIDT J R，BESNER D. The Stroop effect：Why proportion congruent has nothing to do with congruency and everything to do with contingency [J]. Journal of Experimental Psychology–Learning Memory and Cognition，2008，34（3）：514–523.

应进行了大量的研究,得到了一些重要的结论。这些研究大多围绕几个问题展开:①可能性学习或注意调节是否可以单独解释比例一致效应;②认知控制是在整体水平上实施的,还是在单个项目上实施的。

1. 可能性学习与项目—特异性控制之类的争议

比例一致效应理论争议的焦点之一便是可能性学习或注意调节是否可以单独解释比例一致效应,而注意调节理论的基础便是认知控制的实施,基于认知控制实施水平的不同,可以划分为整体水平实施的控制和项目特异性控制。这里先来讨论项目特异性控制与学习机制的竞争。这方面的研究多采用ISPC范式。在ISPC中,特定的词汇与颜色往往存在着不同的配对频率,因此,ISPC操纵引入了项目的频率作为混合物,被试有可能通过学习更快地对高频而不是对低频的词—色对做出反应[1]。在高一致的情境中,特定的一致项目频繁重复而特定的不一致项目很少重复(有时在单个组块中完全不重复);相反地,在高不一致情境中,特定的不一致项目频繁重复而特定的一致项目却很少重复。因此,Schmidt 和 Besner[2] 认为比例一致性与可能性混淆在一起,认为 ISPC 应当完全归因于可能性学习的加工,而注意调节(项目—特异性控制)并不起作用。

可以说项目—特异性控制与可能性学习解释都假定了一个刺激驱动的控制,然而,他们在引发控制表征的本质上存在差异。可能性学习解释认为刺激—反应联结来表征控制动作,而项目—特异性控制解释进一步认为刺激—注意联结是重要的:刺激是与自我决定的注意设置相联结的,它触发了对无关信息的快速的在线的过滤。大量文献探讨项目—特异性控制与项目—特异可能性学习对 ISPC 的贡献,主要来自三个方面的研究:①为可能性解释提供直接经验的证据;②进行项目—特异性设计;③通过更高序列的情境特异性设计去排除或控制习得的刺激—反应可能性的影响。

支持可能性学习解释的主要证据来自 Schmidt 和 Besner[3],也包括其他一些研

---

① LOGAN G D. Toward an instance theory of automatization [J]. Psychological review, 1988, 95(4): 492.

② SCHMIDT J R, BESNER D. The Stroop effect: Why proportion congruent has nothing to do with congruency and everything to do with contingency [J]. Journal of Experimental Psychology–Learning Memory and Cognition, 2008, 34(3): 514–523.

③ SCHMIDT J R, BESNER D. The Stroop effect: Why proportion congruent has nothing to do with congruency and everything to do with contingency [J]. Journal of Experimental Psychology–Learning Memory and Cognition, 2008, 34(3): 514–523.

究 [①~④]。Schmidt 和 Besner 采用再分析的方法从 Jacoby et al.[⑤] 的研究中分解比例一致性和可能性。与之前的标准性分析不同，他们没有比较多数一致项目与多数不一致项目中的 Stroop 干扰的差异，而是采用可能性分析去比较在可能性不同的项目上产生的干扰效应（例如，高可能性试次：多数不一致情境下的不一致试次与多数一致情境下的一致试次；低可能性试次：多数不一致情境下的一致试次与多数一致情境下的不一致试次）。他们预期在可能性分析中，试次类型（一致 VS 不一致）和可能性（高 VS 低）应该有显著的主效应，但二者之间不会产生交互作用。因为可能性学习假设认为 Stroop 效应与可能性效应是相互独立起作用的（例如，预期一致与不一致试次间的差异在不同可能性上是没有变化的）。而根据注意调节（或项目—特异性控制）假设，"因为 Stroop 效应主要是干扰产生的，对一致试次没有或很少产生影响，但不一致试次受到更多的影响"[⑥]，所以，可以预期存在交互作用。如果在高可能性不一致词的情境下，注意调节机制是选择性地作用于优势词汇阅读上，与低可能性项目相比，高可能性项目上产生更小的 Stroop 效应。而再分析的结果显示了交互作用的缺失，证实了可能性学习假说是足以解释 ISPC 的。

虽然 Schmidt 和 Besner 提供了有力的证据去支持可能性学习解释，但有研究者质疑了这种解释的普遍性和是否 ISPC 总是被可能性学习所左右[⑦]。他们设计了实验去分离比例一致性和可能性，使得可以用标准的分析方法去检

① SCHMIDT J R，CRUMP M J，CHEESMAN J，et al. Contingency learning without awareness：Evidence for implicit control [J]. Consciousness and cognition，2007，16（2）：421–435.

② HUTCHISON K A. The interactive effects of listwide control，item–based control，and working memory capacity on Stroop performance [J]. Journal of Experimental Psychology：Learning，Memory，and Cognition，2011，37（4）：851.

③ ATALAY N B，MISIRLISOY M. Can contingency learning alone account for item–specific control? Evidence from within– and between–language ISPC effects [J]. Journal of Experimental Psychology：Learning，Memory，and Cognition，2012，38（6）：1578–1590.

④ SCHMIDT J R. The Parallel Episodic Processing（PEP）model：Dissociating contingency and conflict adaptation in the item–specific proportion congruent paradigm [J]. Acta Psychologica，2013，142（1）：119–126.

⑤ JACOBY L L，LINDSAY D S，HESSELS S. Item–specific control of automatic processes：stroop process dissociations [J]. Psychonomic Bulletin & Review，2003，10（3）：638–644.

⑥ SCHMIDT J R，BESNER D. The Stroop effect：Why proportion congruent has nothing to do with congruency and everything to do with contingency [J]. Journal of Experimental Psychology–Learning Memory and Cognition，2008，34（3）：514–523.

⑦ BUGG J M，JACOBY L L，CHANANI S. Why it is too early to lose control in accounts of item–specific proportion congruency effects [J]. Journal of Experimental Psychology：Human Perception and Performance，2011，37（3）：844–859.

验 ISPC 效应。主要的设计思路是不用无关维度，而是指定相关维度作为 ISPC 的信号（先前研究多采用无关维度作为 ISPC 的信号 ①）。当无关的词汇维度预期 ISPC 时，词汇同时标示了能够用来调节词汇阅读的信息和多数频繁配对的反应。而当相关的颜色维度标示 ISPC 时，因为相关的维度在每个单元中都是 100% 预期了正确的可能反应，所以可能性在所有四个单元里（结合比例一致性与刺激类型）是相等的。按照可能性学习假说，在这个设计中不会出现 ISPC 效应，因为在高一致和高不一致项目中仅仅存在比例一致性（而没有可能性）的差异，但根据项目—特异性控制假说 ②，因为被试可以用相关信息去标示比例一致性从而调节词汇维度加工，预期会出现 ISPC 效应。Bugg 等人基于这个设计采用了图片—词汇的 Stroop 任务（对图片所示的动物命名，忽略图片上呈现的动物词汇）。而且，结果显示 ISPC 操纵选择性地影响了不一致试次的反应，反应时在高不一致情境中比高一致情境中更快，这个发现与 Schmidt 和 Besner③ 预期的认知控制对不一致试次有更强的影响的预期相一致。此外，Bugg 等人还检验了与多数一致或不一致情境相联结的控制设置是否能迁移到一组新的刺激材料中。重要的一点是，这些刺激材料来自四种动物类别，在前两个任务组块中，它们组成了训练试次的相关维度。例如，在练习试次中，鸟和猫的图片是多数一致条件，而狗和鱼的图片是多数不一致条件。在第三个任务组块中，新图片的鸟、猫、狗和鱼作为迁移试次来呈现，在迁移试次中，它们都是 50% 的一致试次。因此，如果迁移试次上可以得到 ISPC 效应，就可以认为被试把与之前训练试次相联结的控制设置应用于新的迁移项目中。事实上，迁移确实发生了。这些发现在理论上挑战了可能性学习的解释。因此，研究者认为清晰的证据支持了可能性学习解释和项目—特异性控制，这些模型反映了 Jacoby 等人最初的结论，即两种加工都起作用 ④。Bugg 等人认为基于 ISPC 信号作为设计原则能够去分离由认知控制或可能性学习产生的 ISPC 效

① JACOBY L L, LINDSAY D S, HESSELS S. Item-specific control of automatic processes : stroop process dissociations [J]. Psychonomic Bulletin & Review, 2003, 10（3）: 638-644.

② BUGG J M, JACOBY L L, CHANANI S. Why it is too early to lose control in accounts of item-specific proportion congruency effects [J]. Journal of Experimental Psychology : Human Perception and Performance, 2011, 37（3）: 844-859.

③ JACOBY L L, LINDSAY D S, HESSELS S. Item-specific control of automatic processes : stroop process dissociations [J]. Psychonomic Bulletin & Review, 2003, 10（3）: 638-644.

④ BUGG J M, HUTCHISON K A. Converging evidence for control of color - word Stroop interference at the item level [J]. Journal of Experimental Psychology : Human Perception and Performance, 2013, 39（2）: 433.

应。当相关维度作为 ISPC 信号时，ISPC 效应是基于认知控制产生[1]的（实验 1 和 2 提供了支持），而当无关维度作为 ISPC 信号时，这一效应是基于可能性学习产生的。在 Bugg 等人的实验 3 中，采用与实验 2 完全相同的设计，只是词汇被指定为高一致或高不一致条件，就可以得到在所有动作都为一致试次条件下的 ISPC 效应，这符合可能性学习假设的预期。

由于 Bugg 等人采用了图片—词汇 Stroop 效应的范式，受了一些研究者的质疑。因为颜色—词 Stroop 效应和图片—词汇 Stroop 效应的项目特异性控制机制可能涉及不同的加工[2]。例如，Dell'Acqua 等人检验了这两种 Stroop 任务中的干扰效应。他们采用一个心理不应期的范式，发现图片—词 Stroop 任务中干扰比颜色—词 Stroop 任务中的干扰来得更早。图片—词 Stroop 任务中，干扰定位于知觉编码时期，而在颜色—词 Stroop 任务中，定位于反应选择时期。考虑到干扰可能在项目—特异性控制中起到触发点的作用[3][4]，有可能在颜色—词 Stroop 任务中干扰出现的太晚以致于不能有效调节分心词的影响。为了反驳这种可能性，Bugg 和 Hutchison[5]用颜色—词 Stroop 任务，重复了支持项目—特异性控制在 ISPC 效应中作用的结果。也就是说，当相关维度（这里是颜色）作为 ISPC 信号时，有效地消除了比例一致性与可能性学习之间的混淆，一个与可能性学习假设相反的 ISPC 效应仍然存在。并且，像在图片—词 Stroop 范式中观察到的模式一样，ISPC 效应选择性地影响了不一致试次的操作，项目—特异性控制设置可以迁移到新的一致性为 50% 的试次中，这些试次是由"旧"的多数不一致或多数一致的颜色与新的词汇配对而成的。这些发现进一步为 ISPC 的信号（相关维度 VS 无关维度）的定位是决定项目—特异性控制与可能性学习作用的重要影响

① Bugg, J. M., Jacoby, L. L., & Chanani, S.（2011）. Why it is too early to lose control in accounts of item-specific proportion congruency effects. Journal of Experimental Psychology：Human Perception and Performance，37（3），844-859.

② VAN MAANEN M A, LEBRE M C, VAN DER POLL T, et al. Stimulation of nicotinic acetylcholine receptors attenuates collagen - induced arthritis in mice [J]. Arthritis & Rheumatism，2009，60（1）：114-122.

③ DELL'ACQUA R,JOB R,PERESSOTTI F,et al. The picture-word interference effect is not a Stroop effect [J]. Psychonomic Bulletin & Review，2007，14（4）：717-722.

④ BLAIS C, ROBIDOUX S, RISKO E F, et al. Item-specific adaptation and the conflict-monitoring hypothesis：a computational model [J]. Psychol Rev，2007，114（4）：1076-1086.

⑤ BRAVER T S, GRAY J R, BURGESS G C. Explaining the many varieties of working memory variation：Dual mechanisms of cognitive control [J]. Variation in working memory，2007，76-106.

因素提供了证据。然而，Bugg 和 Hutchison[1] 的另一个实验似乎表明这种观点过于简单，ISPC 信号也可以经由词汇产生控制占主导的效应。

Bugg 和 Hutchison 将实验设计恢复到 Jacoby 等人的设计上，词汇作为 ISPC 的信号，并且混合一致性与可能性，从而来确定可能性学习在这种设计中的局限。他们假设支持可能性学习的证据是只存在于 2 项目的设计中的。因为在之前 2 项目的设计中，Jacoby 等人与 Schmidt 和 Besner[2] 系统阐述了可能性学习的假设，单个的高可能性反应存在于高一致和高不一致的词汇设置中。高一致设置中，它是一致反应；而在高不一致的设置中，它是与相反颜色相联结的不一致反应。但在 4 项目设计中，单个的高可能性反应优势存在于高一致设置中，但不存在于高不一致设置中。在不一致的试次中，没有高可能性反应，取而代之的是三个具有相同可能性的反应。这也就意味着在 4 项目设计中，被试难以在不一致试次中用高可能性去预期最可能性的反应。基于 2 项目与 4 项目的差异，Bugg 和 Hutchison 预期虽然都是词汇作为 ISPC 的信号，但可能性学习只能在 2 项目中占优势。

研究者采用了两种方法去检验在 2 和 4 项目中 ISPC 效应产生的内在机制。第一种方法是检验 ISPC 的模式。对于 2 项目的设置而言，可以发现一种对称的模式，即在高一致情境中一致试次反应时变快，而在高不一致情境中不一致试次反应时变快，因为在这两种试次类型分别为各自情境中的高可能性。相对地，在 4 项目设置中，在不一致试次中得到一个比一致试次更强的 ISPC 效应。更准确地讲，是在高不一致情境中不一致试次反应时变快的幅度大于在高一致情境中一致试次反应时变快的幅度，这种模式是与先前研究中发现的控制—基础的 ISPC 模型相似的[3]。第二种方式是检验在 2 和 4 项目设置中 ISPC 的迁移[4]。研究者在实验最后一节试次中，呈现"旧"的高一致或高不一致的词汇与新的颜色配对，并设置这些项目一致与不一致的试次均为 50%，以此来评估 ISPC 效应的

① BUGG J M，HUTCHISON K A. Converging evidence for control of color - word Stroop interference at the item level [J]. Journal of Experimental Psychology：Human Perception and Performance，2013，39（2）：433.

② SCHMIDT J R，BESNER D. The Stroop effect：Why proportion congruent has nothing to do with congruency and everything to do with contingency [J]. Journal of Experimental Psychology–Learning Memory and Cognition，2008，34（3）：514–523.

③ BUGG J M，JACOBY L L，CHANANI S. Why it is too early to lose control in accounts of item–specific proportion congruency effects [J]. Journal of Experimental Psychology：Human Perception and Performance，2011，37（3）：844–859.

④ BUGG J M，HUTCHISON K A. Converging evidence for control of color - word Stroop interference at the item level [J]. Journal of Experimental Psychology：Human Perception and Performance，2013，39（2）：433.

迁移。根据可能性学习解释，因为被试对新的迁移颜色没有先前预期（或命名）的经验，所以 ISPC 效应的迁移不会发生。而根据项目特异性控制解释，如果被试习得了用词汇去调节注意设置，基于旧的高一致和高不一致词仍然出现在新的试次中，因此，ISPC 效应的迁移可以获得。研究中发现，对 2 项目设置而言，没有证据显示迁移的发生，即对于高一致和高一致词用新的颜色呈现，干扰效应的大小是相似的。相反地，在 4 项目中，ISPC 效应在迁移项目上被观察到。当相比与来自高一致词汇配对的颜色反应，对高不一致词汇配对的新颜色反应时，干扰减小了。被试利用词汇作为一个控制的信号，当词汇是高不一致设置时，它的影响被减弱了，而当词汇是高一致设置时，更多的注意资源去加工它。这些发现表明，当词汇是 ISPC 的信号时，可能性学习并不总是起到主导的作用，项目—特异性控制也可能起到主导的作用。可能性学习选择性地起到主导作用，比如在 2 项目设置中，习得的高可能性反应在一致和不一致试次中起作用。

2. 列表—水平控制与项目—特异性机制之间的争议

在引入项目—特异性控制理论与可能性学习假说之后，一些研究者提出项目—特异性控制理论与可能性学习假说不仅可以解释 ISPC 效应，而且可以解释 LWPC 效应，即列表—水平的控制可能是由项目—水平的控制或可能性学习造成的 [1-3]。由于 LWPC 效应研究的标准设计中，LWPC 与 ISPC 是完全地混合在一起，所以不排除存在 LWPC 操纵触发了项目—特异性机制的使用。在 LWPC 效应中，多数一致列表是由在项目—水平上多数一致的刺激组成的。例如如果 4 个刺激被使用，每个刺激在 75% 的情况下呈现为一致的颜色，即组成了一个 75% 一致的 ISPC；在多数不一致的列表中，每个刺激在 25% 的情况下呈现为一致的颜色，那么这些刺激也是一个 25% 一致的 ISPC。因此，被试可能是在项目到项目的基础上调节词汇的阅读，而不是基于整体和持续的词汇阅读（或避免阅读）的策略。相似地，被试可能依赖于项目特异可能性学习去对特定的词汇做出最可能的预期反应。

① BUGG J M, JACOBY L L, TOTH J P. Multiple levels of control in the Stroop task [J]. Memory & Cognition（pre-2011），2008，36（8）：1484-1494.

② SCHMIDT J R, BESNER D. The Stroop effect：Why proportion congruent has nothing to do with congruency and everything to do with contingency [J]. Journal of Experimental Psychology-Learning Memory and Cognition，2008，34（3）：514-523.

③ BLAIS C, BUNGE S. Behavioral and neural evidence for item-specific performance monitoring [J]. Journal of Cognitive Neuroscience，2010，22（12）：2758-2767.

最早探讨这一问题的研究是 Logan 等人 [1] 的研究，他们发现当 2 个词汇—颜色可能性呈现在列表（list）上时（实验 1 和 2），LWPC 效应是稳定的；而当采用 4 个颜色/词汇时（实验 3），LWPC 效应没有出现。在实验 3 中，每个词汇与两种可能的颜色配对，形成在每个列表里存在 4 种不同的词汇—颜色配对。研究者认为这个操纵超出了被试的能力范围，他们难以在大脑中保持列表中 4 种词汇—颜色可能性，所以他们放弃了这种策略。对于在高不一致或高一致条件下采用列表范围的策略去过滤词汇或给予词汇更多加工的假设而言，这个发现难以被解释。因为，即使大量的颜色—词汇可能性存在，在高不一致条件下，词汇过滤策略也应该可以把干扰最小化。此后，大量研究去检验 LWPC 效应是否反映了整体、列表—水平的词汇阅读的调节，还是项目—特异性控制或可能性学习在起作用。Bugg 等人 [2] 在控制项目—特异性影响的条件下去检验 LWPC 效应是否存在，他们创造了两组项目（词汇/颜色）。一组项目（例如，绿色和白色）建立 LWPC 操纵。例如，在多数不一致列表时，这两个项目 75% 的试次用不一致的颜色呈现；在多数一致的列表时，这两个项目 75% 的试次用一致的颜色呈现。关键是，第二组项目（例如，红色和蓝色）在列表范围上都是 50% 的一致和 50% 的不一致试次呈现。因此，这些项目都是 100% 的相同，在多数一致和多数不一致的列表上以相等的频率呈现。评估是否 LWPC 效应反映一种非项目—水平的加工的关键是比较在多数不一致比多数一致的列表时 50% 的一致项目的 Stroop 干扰的幅度。结果与列表—水平的控制或策略解释相反，只在偏置设置的项目（如，绿色和白色）上发现 LWPC 效应，而在受项目—水平控制的 50% 一致的项目上没有发现 LWPC 效应。

Blais 和 Bunge [3] 采用与 Bugg 等人几乎相同的设计，重复了他们之前的结果，再次表明不存在列表—水平控制的证据。而且，Blais 和 Bunge 还通过 fMRI 扫描发现前扣带回和背外侧前额叶在项目—特异性控制实施的条件下选择性的激活（例如，在涉及偏置设置的项目的对比中），而这两个区域之前被认为主要负责

① LOGAN, ZBRODOFF N J, WILLIAMSON J. Strategies in the color-word Stroop task [J]. Bulletin of the Psychonomic Society, 1984, 22（2）: 135-138.

② BUGG J M, JACOBY L L, TOTH J P. Multiple levels of control in the Stroop task [J]. Memory & Cognition（pre-2011）, 2008, 36（8）: 1484-1494.

③ BLAIS C, BUNGE S. Behavioral and neural evidence for item-specific performance monitoring [J]. Journal of Cognitive Neuroscience, 2010, 22（12）: 2758-2767.

自上而下的控制（例如，列表—范围）。在多数一致和多数不一致的组块中，对比 50% 一致的项目未能发现兴趣区激活上的差异。这些发现挑战了 LWPC 效应是由列表—水平控制起作用的观点。

Bugg 和 Chanani[①] 继续探讨了这一问题。当比例一致性由 2 项目设置定义时，多数一致情境下的一致试次与多数不一致情境下的不一致试次存在高可能性。Bugg 和 Chanani 推测被试应该不需要列表—水平的控制，只需要通过联结学习（预期高可能性的反应）就可以快速准确地完成任务。所以他们增加了定义比例一致性的项目数目，采用一种图—词 Stroop 任务，其中鸟、狗、猫和鱼组成了偏置设置，而猪和海豹组成了 50% 一致的设置。这里关键的问题依然是一个 LWPC 效应是否能在 50% 一致的项目上获得。与先前研究不同，这个研究发现，与偏置设置项目上的 LWPC 效应相同，在未偏置项目上也获得了这一效应。有意思的是，因为项目—特异性和列表—水平的控制都起作用，LWPC 效应（多数一致条件下的干扰与多数不一致条件下的干扰）在偏置项目设置上是更大的（62ms），而在 50% 一致的项目上稍小一些（39ms），因为这里只有列表—水平的控制在起作用。这也表明了在多数 LWPC 研究中，ISPC 和 LWPC 是混合在一起的，从而使 LWPC 效应看上去更大。在 50% 一致项目上获得的 LWPC 效应从理论上讲是重要的，因为它提示了，至少有部分 LWPC 效应来自于列表—水平控制的贡献。

在 Hutchison[②] 的研究中，也出现了相似的结论，他采用一致性上匹配的项目，然而一致性却不是 50%。他检验这些项目是 67%（多数一致）或 33% 一致（多数不一致），并且，这些项目是嵌入多数一致或多数不一致的列表。此外，对于多数不一致的项目，它的变化是否这些项目与是单一的高可能性反应相联结。对于每种项目类型，从多数一致到多数不一致列表比较干扰效应时出现了 LWPC 效应，但多数一致项目上表现最强。这种 LWPC 效应不能用项目—特异性影响来解释，而是强调了整体控制策略与可能性学习加工的交互作用。这些发现共同地证实了 LWPC 存在列表—水平的控制，有时在解决 Stroop 干扰时会用到整

① BUGG J M, CHANANI S. List-wide control is not entirely elusive : evidence from picture-word Stroop [J]. Psychon Bull Rev, 2011, 18（5）: 930-936.

② HUTCHISON K A. The interactive effects of listwide control, item-based control, and working memory capacity on Stroop performance [J]. Journal of Experimental Psychology : Learning, Memory, and Cognition, 2011, 37（4）: 851.

体策略。Bugg 等人 [1] 还采用一个稍微不同的方法去寻找列表—水平控制存在的证据，在这个研究中涉及中性试次（用不同的墨水颜色呈现非颜色词），这与先前方法中 50% 一致的项目具有相似性，也不存在项目—特异性偏置。中性试次是 100% 的中性，不必考虑列表的整体偏置。在第一个实验中，中性试次被嵌入多数一致或多数不一致和多数中性列表中，6 对颜色—词刺激被用来作为偏置项目，以避免被试依赖联结 / 可能性学习。多数中性列表被用来探究什么因素可能触发列表—水平的控制策略。一些模型认为高度的反应冲突是触发自上而下的控制加工以减小干扰的关键性因素 [2]，然而，当无关维度（词）难以用来反应，甚至无关维度创造一个轻微的反应冲突，当多数试次是中性时；[3] 都可能触发列表—水平的控制。基于这种观点，列表—水平的控制将出现在多数不一致和多数中性列表对比多数一致列表时。事实上，在多数不一致和多数中性列表对比多数一致列表时，确实出现了反应加快的现象，表明了列表—水平的策略（例如，词汇过滤）被运用去减小干扰。

在第二个实验中，Bugg et al.（2011b）采用第三种方法去评价 LWPC 效应中列表—水平控制的贡献。被试在完成一个包含 LWPC 操纵的 Stroop 任务的同时，还要完成一个前瞻记忆的副任务。当被试遇到词汇"马"时，必须按压一个反应键（Stroop 任务用言语来反应）。在控制条件下，当被试遇到 Stroop 刺激周围出现一个特定图案时，需要按压一个反应键。如果被试在多数不一致列表时实施一个列表—水平的词汇过滤策略，那么副任务的操作将只在副任务要求对特定词进行反应时有所损害，而在当要求对一个特定图案反应时不会受到损害。与预期相同，在多数不一致对比多数一致的列表上，发现更小的 Stroop 干扰。然而，这个发现不能裁定这是由项目—特异还是由列表—水平加工造成的，因为项目—特异控制也可以产生相似的模式。重要的是，在多数不一致列表下，干扰减小的同时，副任务的操作受到了损害（相对于多数一致列表），并且这种损害只存在于词汇"马"的条件下。损害只存在于词汇条件下而没有

① BUGG J M, MCDANIEL M A, SCULLIN M K, et al. Revealing list-level control in the Stroop task by uncovering its benefits and a cost [J]. Journal of Experimental Psychology : Human Perception and Performance, 2011, 37（5）: 1595.
② BOTVINICK, BRAVER, BARCH, et al. Conflict monitoring and cognitive control [J]. Psychol Rev, 2001, 108（3）: 624-652.
③ MELARA R D, ALGOM D. Driven by information : a tectonic theory of Stroop effects [J]. Psychological review, 2003, 110（3）: 422.

出现在图案条件下的事实排除了损害是由于进行中的 Stroop 任务的难度造成。这些结果支持了列表—水平控制策略的作用，这种控制甚至可以在刺激出现之前就调节词汇阅读加工，但还不清楚项目—特异性机制怎样作用于刺激出现之后。

3. 其他相关的研究

在注意调节与可能性学习间的一个重要差异就是可能性学习依赖于单个刺激的不同频率，而整体水平的认知控制不需要。因此，一个直接的经验测试就是认知控制的存在将能够看到从一组频率偏置的项目得到的 LWPC 能够迁移到一组频率未偏置的项目上。事实上，已经有一些研究检验了这种迁移效应，并获得了混合的结果 [1]~[3]。

例如，Bugg 等人结合一对频率偏置的 Stroop 刺激和一对频率未偏置的 Stroop 刺激。两个偏置的项目（例如，词语"绿"和"白"）是在多数一致条件下为 75% 一致，而在多数不一致条件下为 75% 不一致。相对地，两个未偏置的项目（例如，词语"蓝"和"红"）在两种条件下均为 50% 的一致和 50% 的不一致。结果显示在未偏置的项目上没有得到 LWPC。

这些发现严重质疑了认知控制作为 LWPC 效应解释的观点。而可能性学习假说在解释项目特异性和列表范围比例一致效应上是足够的。然而，在另外两个迁移研究中的结果认为过早排除灵活控制作为 LWPC 解释可能是不恰当的 [4]。Bugg 和 Chanani 用一个图—词 Stroop 刺激并且把频率偏置项目的数目从 2 个增加到 4 个。其实验设想是增加项目的数量可能会减少可能性学习的有用性（可能性）。例如，可能性学习是更可能在 2 项目的集合中起作用，因为多数不一致项目常常是与一个单一的不一致反应相配对。而相对的，在 4 项目中，一个多数不一致的项目通常平均地与 3 个不一致的反应相配对。结果显示，在两个未偏置的项目上得到了 LWPC，与认知控制的解释一致。

① BUGG J M，JACOBY L L，TOTH J P. Multiple levels of control in the Stroop task [J]. Memory & Cognition（pre-2011），2008，36（8）：1484-1494.
② BLAIS C，BUNGE S. Behavioral and neural evidence for item-specific performance monitoring [J]. Journal of Cognitive Neuroscience，2010，22（12）：2758-2767.
③ BUGG J M，CHANANI S. List-wide control is not entirely elusive：evidence from picture-word Stroop [J]. Psychon Bull Rev，2011，18（5）：930-936.
④ BUGG J M，CRUMP M J. In support of a distinction between voluntary and stimulus-driven control：a review of the literature on proportion congruent effects [J]. Frontiers in psychology，2012，3.

尽管如此，Bugg 和 Chanani[1] 描述的迁移效应也可能是由顺序效应的迁移所导致的。特别是，跟随一致试次后的一致性效应是典型大于跟随不一致试次后的一致性效应，这一现象被称为 Gratton 效应。这种顺序调节也在 Simon 效应[2][3] 和 Stroop 效应[4] 中被观察到。

一致性效应的顺序调节能够解释 LWPC 效应，因为在高比例的一致性试次中，多数试次 N 前面出现的为一致性试次 N-1，它增加了试次 N 中观察到的一致性效应。相反的，高比例的不一致试次中，多数试次 N 之前为不一致的试次 N-1，这减小了试次 N 中观察到的一致性效应。

因此，如果顺序效应也能从频率偏置项目迁移到频率未偏置项目中，顺序效应也能解释 LWPC 从偏置项目到未偏置项目中的迁移。为了解决这一问题，Funes 等人[5] 采用结合—冲突范式（包含 Simon 和空间 Stroop 任务），操纵一种冲突（Simon）的不一致试次的比例，而不改变另一种冲突（空间 Stroop）中的比例一致性。具体来讲，在实验中，要求被试对刺激物（箭头的方向）作出反应，箭头方向为向上或向下，可能出现在中央注视点的上、下、左、右，被试用左、右按键反应。当箭头出现在中央注视点的左右时，构成 Simon 任务，而当箭头出现在中央注视点的上下时，构成空间 Stroop 任务。在实验中，仅对 Simon 任务进行比例一致性操纵，即在高冲突情境中，Simon 任务中 75% 的试次为不一致条件，而在低冲突情境中，25% 的试次为不一致试次，而 Stroop 任务中一致和不一致试次各占 50%。结果发现，比例一致效应从 Simon 任务中迁移到了 Stroop 任务，而顺序效应没有迁移，只在冲突类型重复的条件下发现顺序效应，而在冲突类型转换的条件下没有发现顺序效应。这个研究实现了比例一致效应与顺序效应的分离，有力地否定了比例一致效

① BUGG J M, CHANANI S. List-wide control is not entirely elusive : evidence from picture-word Stroop [J]. Psychon Bull Rev, 2011, 18（5）: 930-936.

② STüRMER B, LEUTHOLD H, SOETENS E, et al. Control over location-based response activation in the Simon task : behavioral and electrophysiological evidence [J]. Journal of Experimental Psychology : Human Perception and Performance, 2002, 28（6）: 1345.

③ WüHR P. Sequential modulations of logical-recoding operations in the Simon task [J]. Experimental Psychology（formerly Zeitschrift f ü r Experimentelle Psychologie）, 2004, 51（2）: 98-108.

④ KERNS J G, COHEN J D, MACDONALD A W, et al. Anterior cingulate conflict monitoring and adjustments in control [J]. Science, 2004, 303（5660）: 1023-1026.

⑤ FUNES MJ. LUPIáñEZ J. HUMPHREYS G. Sustained US. transient cogaitive control: Evidence of a behavioral dissociation[J]. Cognition. 2010.114（3）: 338-347.

应的迁移可以由顺序效应解释的假设。然而，在这个实验中，刺激相关维度
与无关维度在偏置与非偏置项目上是相同的，所以不能区别迁移效应是由于
注意在两个维度上的调节造成的，还是对某一维度调节造成的。因此，Wühr,
Duthoo 和 Notebaert[1] 通过 3 个实验系统探讨了这一问题。在实验 1 中，研究
者混合了水平和垂直 Simon 任务，两个任务涉及不同的刺激（反应）集合，
但刺激的相关维度均为颜色。在实验中一种任务进行比例偏置的操纵，而另
一种为比例未偏置条件。结果发现，比例一致效应和顺序效应均产生了迁移。
在实验 2 中，研究者采用与实验 1 相似的设计，但刺激的相关信息在两种任
务上是不同的维度，一种任务要求被试对刺激的颜色做出反应，而另一种要
求对刺激的形状做出反应。结果发现，不论比例一致效应还是顺序效应均没
有产生迁移。在实验 3 中，研究者混合了 Simon 任务和 Stroop 任务，其中
Simon 任务要求被试对刺激的颜色作按键反应，而 Stroop 任务要求被试对刺激
的颜色做口头报告。同时在一种任务进行比例偏置的操纵，而另一种为比例
未偏置条件。结果发现比例一致效应产生了迁移，而顺序效应没有产生迁移，
这与之前的研究结果是一致的。此外，研究者通过实验 1 和实验 2 分别设置
重叠和不重叠的相关刺激，分别实现了比例一致效应的迁移与未迁移，证实
了自上而下的认知控制机制主要是通过增强对相关目标信息的加工来实现的。
而且，研究者认为比例一致效应从比例偏置任务上迁移到比例未偏置任务上，
证实了列表范围认知控制的存在，这种现象难以用可能性学习或项目特异性
控制来解释。

此外，其他一些相关的研究也检验了注意调节与可能性学习解释间的争议。
研究者[2] 分别设计了两个实验来考察列表范围和项目特异性比例一致效应的转
换。注意调节理论预期了一个强的不对称，而可能性学习假说没有这样的预期。
因为当被试先开始在多数不一致试次情境下练习时，一致试次的增加只能对一
致效应的大小产生有限的影响；而当被试首先开始在多数一致试次情境下练习
时，不一致试次的等量增加会引起更大的影响。这种不对称的范围转换效应直

---

[1] WUHR P, DUTHOO W, NOTEBAERT W. Generalizing attentional control across dimensions and tasks: Evidence from transfer of proportion-congruent effects [J]. Q J Exp Psychol (Hove), 2014, 1–23.

[2] ABRAHAMSE E L, DUTHOO W, NOTEBAERT W, et al. Attention modulation by proportion congruency: The asymmetrical list shifting effect [J]. Journal of Experimental Psychology: Learning, Memory, and Cognition, 2013, 39 (5): 1552–1562.

接支持了比例一致效应来源于注意调节，并且为探讨认知控制提供了一个新的工具。

研究者① 检验了冲突调节的 Hebbian 学习假说，结果并不支持这一假说，在实验 1 中，以任务诱发的瞳孔反应作指标可以看出更大的冲突诱发的唤醒会引起更大的 ISPC 效应，但另一种分析表明 Stroop 效应的行为结果是对项目—水平的比例一致效应敏感，而瞳孔扩大却显示了一个列表—水平而非项目—水平的 Stroop 效应。在实验 2 中，结果显示任务无关的项目唤醒操纵没有影响刺激—反应联结的项目—特异学习，这些发现与冲突调节的 Hebbian 学习假说的预期相矛盾。研究者认为冲突—调节的联结学习不仅发生在刺激与任务要求的表征之间，也发生在刺激与反应表征之间。

2.2　Hedge 和 Marsh 任务

先前研究中在检验比例一致效应是由注意调节（认知控制）或是可能性学习在起作用时，多采用 Stroop 任务范式，而正如先前所述，比例一致效应也可以在 Simon 任务和 Flanker 任务等其他冲突范式上得到，为了检验这一效应的普适性以及探讨比例一致效应内在认知机制的一致性，我们在当前研究中采用 Simon 任务的一个变式——Hedge 和 Marsh 任务。

2.2.1　Hedge 和 Marsh 任务概述

在一个典型的 Hedge 和 Marsh 任务中，被试通常根据刺激的非空间特征执行一个辨别任务（例如，红—绿颜色分辨），这与典型的 Simon 任务是相似的。不同之处在于 Hedge 和 Marsh 任务的反应按键是具有颜色标记的。任务规则包括相同颜色规则，即要求被试按压与目标刺激具有相同颜色标记的按键；不同颜色规则，即要求被试按压与目标刺激具有不同颜色标记的按键。Hedge 和 Marsh 任务的经典发现是在相同的颜色规则下得到一个标准的 Simon 效应（不一致试次比一致试次更慢），而在不同颜色规则下得到一个反转的 Simon 效应（一致试

---

① ABRAHAMSE E L, DUTHOO W, NOTEBAERT W, et al. Attention modulation by proportion congruency : The asymmetrical list shifting effect [J]. Journal of Experimental Psychology : Learning, Memory, and Cognition, 2013, 39（5）: 1552–1562.

次比不一致试次更慢）。很多研究重复了这一结果[①-⑤]，但反转 Simon 效应的内在机制仍然在争议中。

2.2.2　反转 Simon 效应的理论解释

1. 逻辑再编码解释（Logical recoding account）

Hedge 和 Marsh[⑥] 提出了逻辑再编码说来解释反转 Simon 效应。他们认为，这一效应主要来自于对无关的刺激维度，反转规则的不正确使用（对刺激值的反面做出反应）。例如，当刺激在右边位置出现时，"逆反应"规则会产生"左"，如果正确反应是左，则促进反应；如果是右，则干扰反应。它把这些属性与反应的属性联系起来，相同颜色或相同位置被"确认"，相反颜色或相反位置则"反转"。试验中无关属性（位置）的再编码与相关属性的再编码是同一类型时，反应较快。换句话说，成绩依赖于一个试验中是用了一个还是两个编码规则。就此规则而言，刺激的相关（颜色）和无关（位置）属性与其正确反应的各自属性是有关联的。对相关的刺激和反应属性（颜色），逻辑再编码执行"确认规则"（S–R 匹配一致）或"反转规则"（S–R 匹配不一致）。对无关的刺激和反应属性（位置），逻辑再编码也执行"确认规则"（与无关的 SRC 一致）或"反转规则"（与无关的 SRC 不一致）。Hedge 和 Marsh 是这么表述的："对一既定的相关属性（颜色）的逻辑再编码（确认或反转），当无关属性（位置）的再编码与相关属性的再编码是同一逻辑类型时，反应更快"。

① SIMON, SLY P E, VILAPAKKAM S. Effect of compatibility of SR mapping on reactions toward the stimulus source [J]. Acta Psychologica, 1981, 47（1）: 63–81.
② DE JONG, LIANG C C, LAUBER E. Conditional and unconditional automaticity : a dual–process model of effects of spatial stimulus–response correspondence [J]. Journal of Experimental Psychology : Human Perception and Performance, 1994, 20（4）: 731–750.
③ LU C–H, PROCTOR R W. Processing of an irrelevant location dimension as a function of the relevant stimulus dimension [J]. Journal of Experimental Psychology : Human Perception and Performance, 1994, 20（2）: 286–298.
④ PROCTOR R W, PICK D F. Display–control arrangement correspondence and logical recoding in the Hedge and Marsh reversal of the Simon effect [J]. Acta Psychologica, 2003, 112（3）: 259–278.
⑤ WUHR P, BIEBL R. Logical recoding of S–R rules can reverse the effects of spatial S–R correspondence [J]. Attention Perception & Psychophysics, 2009, 71（2）: 248–257.
⑥ HEDGE A, MARSH N. The effect of irrelevant spatial correspondences on two–choice response–time [J]. Acta Psychologica, 1975, 39（6）: 427–439.

2. 双重加工模型（Dual-processing Model）

Lu 和 Proctor 等[①] 简化了 Hedge 和 Marsh 的假说，并提出了刺激—反应转换规则被用于相关和无关刺激属性的解释。于是，在相同颜色规则时（相同规则），在一致试次中，一个反应被激活，在不一致试次中，两个反应竞争；在相反颜色规则时（反转规则），在一致试次中，两个反应竞争，在不一致试次中，只有一个反应被激活。De Jong 等[②] 也打破了传统中对 Simon 效应及其反转的单一因素的解释，并提出一个类似的机制，即与绝对的和条件的自动启动一致的双重加工模型。认为无关的刺激位置对反应时间的影响有两个成分：一是绝对（无条件）性成分："刺激的突现导致空间上对应反应的自动启动"；二是条件性成分："当一个特定任务的刺激—反应转换（相同或反转）被用于相关刺激属性时，将产生空间刺激编码，分别启动空间对应和非对应的反应"。这两个成分有不同的时间过程。首先，绝对性成分在刺激出现不久更加有效，之后快速衰减。当刺激出现时，条件性成分的出现时间不定，只有当转换规则（相同或反转）被用于相关刺激属性并自动到空间刺激编码时，出现条件性成分。这一绝对成分的自动启动与维度重合模型的自动反应激活加工类似，条件性成分的自动启动与 Hedge 和 Marsh 提出的逻辑再编码概念密切相关。按照 De Jong 等人的解释，对相关刺激属性的再编码会自动地应用于无关刺激属性。

按照双重加工模型，Simon 效应是两个刺激—反应成分加工的结果。首先，刺激的位置自动、迅速地激活了空间上一致的反应（无关任务刺激—反应路径）。其次，刺激的非空间属性被用来选择正确的反应（相关任务刺激—反应路径）。相关任务路径较慢且基本由意识所控制。此观点的重要性就在于在反应选择中，Simon 效应的大小与无关任务刺激—反应路径的强弱成比例。

3. 显示—控制排列对应性观点（Display-Control Arrangement Correspondence）

Simon 等人[③] 进行了一项研究，与 Hedge 和 Marsh 提出的 Simon 效应的反转

---

① LU C-H, PROCTOR R W. Processing of an irrelevant location dimension as a function of the relevant stimulus dimension [J]. Journal of Experimental Psychology : Human Perception and Performance, 1994, 20（2）: 286-298.

② DE JONG, LIANG C C, LAUBER E. Conditional and unconditional automaticity : a dual-process model of effects of spatial stimulus-response correspondence [J]. Journal of Experimental Psychology : Human Perception and Performance, 1994, 20（4）: 731-750.

③ SIMON J R, MEWALDT S P, ACOSTA E, et al. Processing auditory information : Interaction of two population stereotypes [J]. Journal of Applied Psychology, 1976, 61（3）: 354.

现象相反。在其实验中，一个 200Hz 的听觉提示音在左、右耳呈现，紧跟着呈现 500Hz 声音的 200ms 或 404ms 的延迟。任务的相关维度是声音，被试按"左"或"右"反应键对此声音反应，对一半的被试，刺激声音和反应的匹配在空间上一致，对另一半被试在空间上不一致。结果表明当刺激—反应匹配一致时，没有出现 Simon 效应，当匹配不一致时，出现正的 Simon 效应。也就是，在不一致匹配下，当提示音和反应位置对应时，反应更快。这与 Hedge 和 Marsh 发现的相关刺激—反应信息不一致匹配的反转效应相矛盾。

Simon 等[①]对此提出了另一种观点，"显示—控制排列对应性"（Display-Control Arrangement Correspondence，简称 DCC）。显示—控制排列对应性是在颜色刺激位置和相同颜色反应键位置之间的对应性和非对应性。（注：DCC 只有在当刺激和反应在形式上匹配时，如当刺激和反应在不同的视觉空间位置上是颜色时，刺激和反应属性被狭义地确定为感官水平。）因而，在 Hedge 和 Marsh 任务中，左边绿色刺激和右边红色刺激引起一致的 DCC。右边绿色刺激和在左边红色刺激引起不一致的 DCC。按照 Simon 等，一致的 DCC 会导致反应更快，不一致的 DCC 会导致反应更慢。这样，Hedge 和 Marsh 的结果便可用 DCC 的观点予以解释。

因为刺激和反应在感官水平用同一形式时，DCC 的发生是偶然的，但逻辑再编码不是，应用不同形式可剔除在 DCC 和逻辑再编码之间的混淆。Simon 等（1981，实验3）曾做过这样的研究，他们用在屏幕中心呈现的颜色作为相关刺激属性，左右耳呈现的声音作为无关刺激属性（反应与 Hedge 和 Marsh 任务相同）。这样操作剔除了 DCC，但保留了逻辑再编码的联系，尽管也出现了正的 Simon 效应，但没有发现 Simon 效应的反转。Simon 等的发现对逻辑再编码理论提出了挑战。

他们推断，由于在 Hedge 和 Marsh 任务中反应键是固定的（绿对左反应键，红对右反应键），绿灯在左呈现，红灯在右呈现，不管是否刺激—反应匹配，都显示出 DCC。在同一颜色匹配中，DCC 和空间刺激—反应相容性被混淆，但在相反颜色匹配中，不一致试次表现出 DCC，一致试次则没有。这样，按照 DCC 假说，如果反应键在每个试验上随机标记，Simon 效应不会反转。这与 De Jong

① SIMON, SLY P E, VILAPAKKAM S. Effect of compatibility of SR mapping on reactions toward the stimulus source [J]. Acta Psychologica, 1981, 47（1）: 63–81.

等 ① 和 Hommel ② 的提法相反。

4. 刺激一致性观点（Stimulus Congruity Account）

Hasbroncq 和 Guiard ③ 也对 Simon 效应的反应选择观点提出了挑战，认为刺激一致性对 Simon 效应及其反转起一定作用。在刺激出现时，刺激意义的编码与其当前位置的编码形成，当两个编码一致时，反应成绩较好。而当两者不一致时，反应成绩较差。由此认为在 Hedge 和 Marsh 任务中，两个刺激维度（颜色和位置）在反应中是相互作用的（左键通常是绿，右键通常是红，即刺激—刺激相容性），相关维度（颜色）在要求任务中获得了空间意义（如红意味着右，绿意味着左），反应颜色的选择（如绿）导致反应位置的选择（如左）。而且，被试用了类似的方式联想刺激的颜色和位置（如把左刺激位置与绿色联想在一起，把右刺激位置与红色联想在一起）。因此，绿刺激在左边，红刺激在右边组成了刺激一致性，将导致反应较快；相反，绿刺激在右边，红刺激在左边组成了刺激不一致性，将导致反应较慢。

与反应选择提法一致，Hasbroncq 和 Guiard 把 S-R 匹配的效应归因于反应选择阶段反应促进和竞争的结果。然而不像通常接受反应选择的说法，将其归因于刺激的一致性—不一致性，它影响刺激加工阶段。在 Simon 任务中，空间刺激—反应相容性与刺激—刺激相容性是协方差的关系。于是当摒弃在刺激呈现时通过标记反应键的刺激—刺激相容性（在刺激颜色和反应位置之间没有相关）时，Simon 效应及其反转消失。Simon 等 ④ 在刺激出现之前、同时或之后分别标记反应键，并发现只有当标记在刺激之后可看到时，此效应消失。当反应键在刺激开始的一秒钟之前呈现 ⑤ 或同时呈现，可呈现出反转的 Simon 效应。Homme ⑥ 推断，在 Hasbroncq 和 Guiard 的实验中，刺激的知觉结构和反应键对没有空间刺激—反应一致性效应起到一定作用。

① DE JONG, LIANG C C, LAUBER E. Conditional and unconditional automaticity : a dual-process model of effects of spatial stimulus-response correspondence [J]. Journal of Experimental Psychology : Human Perception and Performance, 1994, 20（4）: 731-750.

② HOMMEL B. Stimulus-Response Compatibility and the Simon Effect - toward an Empirical Clarification [J]. Journal of Experimental Psychology-Human Perception and Performance, 1995, 21（4）: 764-775.

③ HASBROUCQ T, GUIARD Y. Stimulus-response compatibility and the Simon effect : toward a conceptual clarification [J]. J Exp Psychol Hum Percept Perform, 1991, 17（1）: 246-266.

④ SIMON J R, MEWALDT S P, ACOSTA E, et al. Processing auditory information : Interaction of two population stereotypes [J]. Journal of Applied Psychology, 1976, 61（3）: 354.

⑤ DE JONG, LIANG C C, LAUBER E. Conditional and unconditional automaticity : a dual-process model of effects of spatial stimulus-response correspondence [J]. Journal of Experimental Psychology : Human Perception and Performance, 1994, 20（4）: 731-750.

⑥ HOMMEL B. Stimulus-Response Compatibility and the Simon Effect - toward an Empirical Clarification [J]. Journal of Experimental Psychology-Human Perception and Performance, 1995, 21（4）: 764-775.

第 3 章

学习与认知控制的关系探讨

3.1　理论争议与解决

3.1.1　理论争议与解决方案

通过前面对认知控制相关理论及其在干扰范式中作用机制的介绍，尤其是对比例一致效应中关于注意调节理论与可能性学习假说之间争议的介绍，可以发现，认知控制的研究是近年来认知心理学研究的热点之一，吸引了众多研究者的关注，也取得一系列的重大成果。随着研究的不断深入，认知控制与学习之间的影响作用机制的研究开始涌现并吸引了越来越多的研究者关注。

基于对认知控制与学习之间关系的理论观点与实证研究的具体分析，研究者发现，先前研究中仍存在较多的问题有待研究者解决，可以从比例一致效应的理论争议与干扰任务的研究范式两个方面对当前存在的问题加以梳理：

第一，比例一致效应作为研究认知控制动态变化常用的方式之一，得到了大量研究的关注。对这一效应的脑成像研究发现，在前中扣带回和背外侧前额叶的激活上也存在类似的效应（例如，一致与不一致条件的神经活动上的差异也会随着比例一致性的增大或减小而增强或减弱），这种现象在所有刺激或特定项目 [1][2] 的操作上都存在。冲突效应和比例一致效应能被不同的理论所解释。注意调节理论认为这种效应是注意在相关和无关刺激维度上策略分布的结果 [3][4]。与之相对，Schmidt 和他的同事提出可能性学习解释，认为大脑增加了刺激—反应联结的强度是源于（无关的）刺激和与反应之间的高可能性，因此被试能在大多数的试次中预期正确的反应 [5]-[7]。虽然这两种理论还在

① BLAIS C，BUNGE S. Behavioral and neural evidence for item-specific performance monitoring [J]. Journal of Cognitive Neuroscience，2010，22（12）：2758-2767.

② GRANDJEAN J，D'OSTILIO K，FIAS W，et al. Exploration of the mechanisms underlying the ISPC effect：Evidence from behavioral and neuroimaging data [J]. Neuropsychologia，2013，51：1040-1049.

③ BLAIS C，ROBIDOUX S，RISKO E F，et al. Item-specific adaptation and the conflict-monitoring hypothesis：a computational model [J]. Psychol Rev，2007，114（4）：1076-1086.

④ VERGUTS T，NOTEBAERT W. Hebbian learning of cognitive control：Dealing with specific and nonspecific adaptation [J]. Psychol Rev，2008，115（2）：518-525.

⑤ SCHMIDT J R，BESNER D. The Stroop effect：Why proportion congruent has nothing to do with congruency and everything to do with contingency [J]. Journal of Experimental Psychology-Learning Memory and Cognition，2008，34（3）：514-523.

⑥ SCHMIDT J R. The Parallel Episodic Processing（PEP）model：Dissociating contingency and conflict adaptation in the item-specific proportion congruent paradigm [J]. Acta Psychologica，2013，142（1）：119-126.

⑦ SCHMIDT J R. Contingencies and attentional capture：the importance of matching stimulus informativeness in the item-specific proportion congruent task [J]. Cognition，2014，5：540.

争议中 ①~③，但可能性学习解释引发了一个重要的理论问题：在刺激—反应联结的强度变化之后，认知控制系统如何实验控制。研究者用功能性磁共振成像技术（functional magnetic resonance imaging，fMRI）来探讨了这一问题。

第二，先前比例一致效应的研究中，多采用 Stroop 范式作为引起冲突效应的实验任务，但在 Stroop 任务中，由于词汇阅读与颜色命名间存在严重的认知不平衡性，所以比例一致效应虽然可以很好地调节冲突效应量的大小，但冲突效应的方向总是正向的，即不一致条件往往大于一致条件，这就存在一种低估学习对认知控制影响的可能性。同时，比例一致效应在 Flanker 任务和 Simon 任务中都可以得到，但相对而言，对比例一致效应在这两种干扰任务中的作用机制研究还不充分，不利于更好地揭示认知控制在干扰任务中的作用机制。因此，研究者采用 Simon 效应与反转 Simon 效应的范式来研究认知控制在这两种相似任务中的作用机制。研究发现增加不一致试次的比例可能会减小甚至反转 Simon 效应 ④~⑥，认为被试习得了空间的不一致的刺激—反应联结，并用它们去引导反应。注意调节解释也能解释这种冲突效应减小的现象（最大到 0），但它很难解释冲突的反转。注意调节（例如，冲突监测模型 ⑦）关注自上而下的注意如何克服来自无关信息的干扰，例如，通过增强任务相关的刺激维度的注意 ⑧ 或抵制无关的刺激。即使一个人能完全避免无关信息的影响——换句话说，无关刺激维度完全不干扰相关

① ATALAY N B，MISIRLISOY M. Can contingency learning alone account for item-specific control? Evidence from within- and between-language ISPC effects [J]. Journal of Experimental Psychology：Learning，Memory，and Cognition，2012，38（6）：1578-1590.

② BUGG J M，HUTCHISON K A. Converging evidence for control of color - word Stroop interference at the item level [J]. Journal of Experimental Psychology：Human Perception and Performance，2013，39（2）：433.

③ ABRAHAMSE E L，DUTHOO W，NOTEBAERT W，et al. Attention modulation by proportion congruency：The asymmetrical list shifting effect [J]. Journal of Experimental Psychology：Learning，Memory，and Cognition，2013，39（5）：1552-1562.

④ HOMMEL B. Spontaneous decay of response-code activation [J]. Phycological Research，1994，56（4）：261-268.

⑤ TOTH J P，LEVINE B，STUSS D T，et al. Dissociation of Processes Underlying Spatial S-R Compatibility：Evidence for the Independent Influence of What and Where [J]. Consciousness and cognition，1995，4（4）：483-501.

⑥ MARBLE J G，PROCTOR R W. Mixing location-relevant and location-irrelevant choice-reaction tasks：influences of location mapping on the Simon effect [J]. Journal of Experimental Psychology：Human Perception and Performance，2000，26（5）：1515-1533.

⑦ BOTVINICK，BRAVER，BARCH，et al. Conflict monitoring and cognitive control [J]. Psychol Rev，2001，108（3）：624-652.

⑧ EGNER T，HIRSCH J. Cognitive control mechanisms resolve conflict through cortical amplification of task-relevant information [J]. Nature neuroscience，2005，8（12）：1784-1790.

维度的加工，就如同一致试次一样没有来自无关信息的干扰——不一致试次的反应最多像一致试次一样快（例如，冲突效应为 0），但前者是不可能比后者更快。通过任务范式的改变，可以发现 Stroop 任务中难以解决的问题。

此外，Hedge 和 Marsh[①] 报告了 Simon 效应的一个重要的特例。他们发现通过任务规则的改变 Simon 效应能任意出现正的或反转的情况（例如，被试在不一致条件下比一致条件下反应更快）。虽然反转 Simon 效应的内在机制还在争议中[②~⑥]，但可以明显看出这一任务涉及了无关空间刺激—反应联结对相关刺激—反应联结的影响。

反转 Simon 效应反映了无关空间不一致的 S–R 联结对相关的 S–R 联结的影响。在相同颜色规则下的不一致试次与不同颜色规则下的一致试次是注意控制的需求条件。根据注意调节理论[⑦]，增加或减少这些试次的比例将能减少或增加冲突效应的幅度（例如，比例一致效应）。然而，如果正的和反转 Simon 效应在控制需求试次占高比例的条件被反转，这将很难被注意调节理论所解释。这种情况更可能是被试习得了 S–R 联结，并用之预期正确的反应[⑧⑨]。

第三，在先前的比例一致效应的研究中，研究者往往采用被试内设计，这固然有利于提高研究的信度和效度，但也存在着一些问题。比如，先前有研究

① HEDGE A, MARSH N. The effect of irrelevant spatial correspondences on two-choice response-time [J]. Acta Psychologica, 1975, 39（6）: 427–439.
② SIMON, SLY P E, VILAPAKKAM S. Effect of compatibility of SR mapping on reactions toward the stimulus source [J]. Acta Psychologica, 1981, 47（1）: 63–81.
③ DE JONG, LIANG C C, LAUBER E. Conditional and unconditional automaticity : a dual-process model of effects of spatial stimulus-response correspondence [J]. Journal of Experimental Psychology : Human Perception and Performance, 1994, 20（4）: 731–750.
④ LU C–H, PROCTOR R W. Processing of an irrelevant location dimension as a function of the relevant stimulus dimension [J]. Journal of Experimental Psychology : Human Perception and Performance, 1994, 20（2）: 286–298.
⑤ PROCTOR R W, PICK D F. Display-control arrangement correspondence and logical recoding in the Hedge and Marsh reversal of the Simon effect [J]. Acta Psychologica, 2003, 112（3）: 259–278.
⑥ WUHR P, BIEBL R. Logical recoding of S–R rules can reverse the effects of spatial S–R correspondence [J]. Attention Perception & Psychophysics, 2009, 71（2）: 248–257.
⑦ CARTER C S, MACDONALD A M, BOTVINICK M, et al. Parsing executive processes : strategic vs. evaluative functions of the anterior cingulate cortex [J]. Proceedings of the National Academy of Sciences of the United States of America, 2000, 97（4）: 1944–1948.
⑧ SCHMIDT J R, BESNER D. The Stroop effect : Why proportion congruent has nothing to do with congruency and everything to do with contingency [J]. Journal of Experimental Psychology–Learning Memory and Cognition, 2008, 34（3）: 514–523.
⑨ HOMMEL B. Spontaneous decay of response-code activation [J]. Phycological Research, 1994, 56（4）: 261–268.

发现，在比例一致效应中，多种一致和多种不一致之间的转换存在不对称效
应[①]。不论对于认知控制的解释，还是可能性学习的解释，先前实验部分对后面
实验部分的影响都可能存在着混淆变量。因此，研究者可以操纵比例一致性作
为一个被试间因素，减少这种混淆。

3.1.2　行为与脑科学的假设

在最近的研究中，研究者结合 Hedge 和 Marsh 任务与比例一致效应。他们
预期随着不一致对一致试次的比例增加，正的和反转的 Simon 效应将分别被反转。
这种反转是增强的空间刺激—反应联结的指示，被试可以用这种联结去引导反
应，这一现象将支持可能性学习假说。

研究者还预期学习会引起认知控制系统的变化，为了考察这一认知过程，
我们分别从两个角度来探讨学习对认知控制的影响。一方面，研究者考察无意
识的学习对认知控制的影响，例如，在比例一致效应中，如果被试习得了刺激—
反应间的联结，这种学习并不是实验要求的，而是被试无意识中进行的；另一
方面，研究者采用迁移范式，检验在比例偏置或未偏置的项目上是否存在不同
的比例一致效应，如果存在这种差异，它是由认知控制设置的不同造成的，还
是由于习得的刺激—反应联结造成的。最后，研究者通过实验操纵，让被试通
过一定量的练习而在任意的刺激—反应间建立起快速学习的联结，检验这种情
况下，新习得的刺激—反应联结或规则对认知控制的影响。

本书的整体目标是通过对前人研究的系统分析，探讨学习影响认知控制的内
在机制和认知神经活动机制，通过设计一系列的实验，明确学习与认知控制研究
中存在的问题，并进一步检验当前各种理论对二者在冲突解决中作用的争议。

整个研究包括 3 个实验部分，探讨以下几个方面的问题：在冲突解决的动
态过程中，无意识学习和认知控制系统如何去解决变化中的冲突？习得后的刺
激—反应联结是否可以迁移？经过特定训练习得的任意刺激—反应联结或规则，
认知控制系统如何根据新习得的规则或联结来调节新的冲突并执行控制？以上
几个方面的问题通过以下 5 个研究加以探讨：

---

① ABRAHAMSE E L, DUTHOO W, NOTEBAERT W, et al. Attention modulation by proportion congruency：
The asymmetrical list shifting effect [J]. Journal of Experimental Psychology：Learning, Memory, and
Cognition, 2013, 39（5）：1552–1562.

研究 1：冲突任务中比例一致效应的认知机制研究（行为实验）

本研究旨在探讨，冲突任务中，比例一致效应产生的认知机制，是由注意调节引起的，还是可能性学习在起作用。针对这一主要问题，我们采用 Hedge 和 Marsh 任务尽可能地分离注意调节与可能性学习在比例一致效应中的作用，更重要的是探讨无意识习得的刺激—反应联结调节认知控制的神经机制。

研究 2：冲突任务中比例一致效应调节认知控制的神经基础（fMRI 研究）

本研究在研究 1 的基础上，继续探讨冲突任务中比例一致效应产生的神经基础，进一步检验注意调节（认知控制）和可能性学习各自的作用，并探讨学习调节认知控制的神经机制。

研究 3：习得的刺激—反应联结通过迁移调节认知控制的认知机制（行为研究）

本研究主要探讨在比例一致效应中习得的刺激—反应联结是否可以在比例未偏置项目上调节认知控制，并考察这一过程中的认知机制。比例一致效应的迁移具有一定的条件性，对于这一问题的研究，可以明确学习和认知控制在比例一致效应中的作用机制，本研究主要解决这一问题。

研究 4：习得的刺激—反应联结通过迁移调节认知控制的神经机制（fMRI 研究）

本研究旨在探讨在比例一致效应中习得的刺激—反应联结在比例未偏置项目上调节认知控制的神经机制。

研究 5：快速学习的任意刺激—反应联结对认知控制的影响（行为研究）

本研究旨在探讨经过短期训练，被试习得的任意刺激—反应联结在冲突任务中是否可以调节认知控制。先前关于可能性学习的研究都把这种刺激—反应的联结看作是无意识习得的，与之相对，明确学习建立的任意刺激—反应联结在理论上也将对认知控制产生影响，通过本研究可以全面地理解学习对认知控制产生影响的作用机制。

第 4 章

探讨比例一致效应的认知机制

4.1　比例一致效应现象下的认知机制

学习与认知控制关系的研究是当前认知控制研究领域中最为重要的一个研究问题，人们在经验中习得的新规则如何调节认知控制从而适应不断变化的外部环境。不同的研究者开始关注这一问题，但并没有一个满意的答案。一种可能性便是人们通过经验习得的新规则能够通过某种方式进入到认知控制系统中，使认知控制系统更新原有的规则系统，根据新的规则来重点监测并解决新的冲突，但对于这一认知过程，目前还没有系统的研究，在已有的结果上也存在着较大的分歧。

认知神经科学的研究手段是当前认知控制研究的主要工具之一，并取得了丰硕的成果，解释了一系列行为研究难以解决的问题。最近，研究者采用 fMRI 这一技术手段，通过 3 个行为和 2 个 fMRI 实验，力图验证以下问题：在比例一致效应中，注意调节与可能性学习哪一个起到主要的作用？在冲突任务中，存在学习的情况下，习得的刺激—反应联结如何去调节认知控制的实施？无意识习得的刺激—反应联结和明确建立的任意刺激—反应联结是否都可以调节认知控制？在某种任务情境中建立的认知控制设置或习得的刺激—反应联结是否可以迁移到新的任务情境中去，从而影响认知控制的实施？

4.2　行为学的方法与设计

比例一致效应是实验室中研究认知控制动态变化的重要范式，干扰任务中的冲突效应量会随一致与不一致试次的变化而变化，从而引起认知控制的变化。认知控制系统通过调节刺激相关或无关维度的注意加工来实施控制。最近的研究表明，可能性学习也可以用来解释比例一致效应，而不需要认知控制的参与，这一主题引起了研究者的关注。

研究者采用 Hedge 和 Marsh 任务 ① 进行比例—致性的操纵，来探讨注意调节与可能性学习在比例一致效应中的作用。

---

① HEDGE A，MARSH N. The effect of irrelevant spatial correspondences on two-choice response-time [J]. Acta Psychologica，1975，39（6）：427-439.

4.2.1　研究目的

第一，探讨比例一致效应的内在认知机制，检验注意调节（认知控制）与可能性学习在这一效应中的作用；第二，在证实比例一致效应存在无意识地刺激—反应联结学习之后，探讨新习得的刺激—反应联结如何调节了随后的认知控制的实施。

4.2.2　研究方法

研究者通过公布招募的方法，邀请48名华南师范大学的学生（年龄21.5 ± 1.8岁，38名女性）参加本研究。所有被试经爱丁堡利手问卷①确定为右利手，并且视力或矫正视力正常。所有被试随机分成三组，每组16人。所有被试事先不了解实验目的，实验前签订知情同意书，并在实验后获得一定的报酬。

在研究中，被试坐在一个21寸的阴极射线管（CRT）彩色显示器（Eizo FlexScan T961）前完成实验。所有视觉刺激均通过 Presentation 软件（version 16.3，Neurobehavioral Systems Inc.，USA）呈现。被试坐在显示器前，视距约60厘米。视觉刺激的背景为黑色。一个白色的十字加号（2.8° × 2.8°）呈现在屏幕中间作为注视点。目标刺激为红色（RGB 值：255，0，0）和绿色（RGB：0，255，0）方块（3° × 3°）。红色和绿色方块呈现在屏幕的左边或右边，注视点的上方（注视点与刺激之间的视角为：垂直 7.1° × 水平 8.5°）。两个白线（垂直 0.4° × 水平 4.2°）上方的矩形（垂直 1.4° × 水平 2.8°，分别为红色和绿色）呈现在屏幕的下方，作为反应标识。两个矩形标识分别呈现在屏幕的左边和右边（矩形与注视点之间的视角为：垂直 7.1° × 水平 8.5°），并在试次间随机变化。被试通过用左手食指按压左键（键盘上的左 Ctrl 键）和右手食指按压右键（键盘上的右 Ctrl 键）来进行反应。

为了实验研究目的，研究者明确了实验设计。根据一致与不一致试次的比例，实验划分为三种条件75/25、50/50 和 25/75，被试被随机指定完成其中一种条件。每个被试都要完成一个红—绿颜色辨别任务。刺激—反应的颜色规则（相同颜色和相反颜色）在实验组块间变化。每个实验组块开始时，被试可以看到一个

---

① OLDFIELD R C. The assessment and analysis of handedness : the Edinburgh inventory [J]. Neuropsychologia, 1971, 9（1）: 97–113.

呈现时间为 5 秒的指导语，用来告诉他们将要进行的组块需要按照哪种颜色规则进行反应。在每个组块中，指导语后面连续呈现 8 个试次（如图 4-1，实验 1 中没有空试次）。实验中共有 64 个组块（每种颜色规则各 32 个组块），总共 384 次实验试次。在实验试次中，75/25 组被试完成 288 个一致试次，96 个不一致试次；50/50 组被试完成一致与不一致试次各 192 个；25/75 组被试完成 96 个一致试次，288 个不一致试次。在每个试次中，首先呈现 400ms 的注视点，之后呈现 600ms 的反应标识，随后，出现目标刺激（红色或绿色方块），呈现时间为 1500ms 或反应按键后消失。在后一种情况下，反应结束后呈现黑屏直至试次结束。要求被试根据当前刺激—反应颜色规则又快又准地做出反应。一个试次持续的总时间为 2500ms。反应标识表明反应按键的颜色分配，并在试次间随机变化。例如，当红色反应标识呈现在左边，而绿色反应标识呈现在右边时，在相同颜色规则下，被试需要按压"红"（例如，左）键去对红色刺激进行反应，按压"绿"（例如，右）键去对绿色刺激进行反应。然而，在相反颜色规则下，被试需要按压"绿"键去对红色刺激进行反应，按压"红"键去对绿色刺激进行反应。

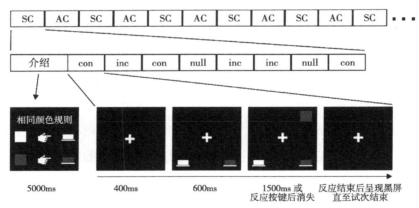

图 4-1　实验程序（实验 1 中没有空试次，实验 2 中有空试次）

注：SC 表示相同颜色规则，AC 表示不同颜色规则，con 表示一致试次，inc 表示不一致试次

（图片来源：作者绘制）

4.3　实验室的研究结果

研究者首先从正确的反应数据中剔除极端值，极端值为每种条件下平均数的三个标准差之外的数据。之后，我们对反应时（RT）和错误率（PE）各操纵

一个 3 × 2 × 2 的混合设计方差分析（ANOVA），其中被试间因素为组别（根据一致与不一致试次的比例划分为 3 水平：75/25，50/50，25/75），被试内因素为刺激—反应颜色规则（2 水平：相同颜色规则，不同颜色规则）和空间相容性（2 水平：一致，不一致）。如图 4-2A 所示，反应时的方差分析显示刺激—反应颜色规则具有显著的主效应，$F（1，45）= 266.88$，$p < .001$，$\eta_p^2 = .856$，表明相同颜色规则条件下反应时（515ms）快于不同颜色规则条件下的反应时（595ms）。空间相容性的主效应边缘显著 $F（1，45）= 3.49$，$p = .068$，$\eta_p^2 = .072$。组别的主要效应不显著，$F（2，45）= 1.89$，$p = .164$，$\eta_p^2 = .077$。组别 × 刺激—反应颜色规则 × 空间相容性三重交互作用显著，$F（2，45）= 4.85$，$p = .012$，$\eta_p^2 = .177$，表明 Simon 效应会根据组别和刺激—反应颜色规则变化。为了更详细地检验 Simon 效应的变化，研究者对每一组被试，在相同颜色规则和不同颜色规则条件下，分别比较了不一致和一致试次的反应时的差异。如图 4-2C 中显示的，在 50/50 组，研究者在相同颜色规则条件下发现一个正的 Simon 效应（25ms），而在不同颜色规则条件下，发现一个反转的 Simon 效应（–39 ms），这一结果与先前研究中 Hedge 和 Marsh 任务的结果相似 [1]-[5]。在 75/25 组，当一致试次的比例是更高时，相同颜色规则条件下正的 Simon 效应增加（100ms），而不同颜色规则条件下反转 Simon 效应消失，取而代之的是一个小的正的 Simon 效应（14ms）。然而，在 75/25 组中，不同颜色规则条件下的 Simon 效应是显著小于相同颜色规则条件，$F（1，15）= 26.4$，$p < .001$，$\eta_p^2 = .637$，表明刺激—反应颜色规则与空间一致性的交互作用影响了任务操作。与之相对，在 25/75 组中，当不一致试次的比例是更高时，相同颜色规则下正的 Simon 效应产生了反转（不一致试次比一致试次快了 64ms），且在不同颜色规则条件下，反转 Simon 效应出现了增加（–94ms）。同

[1] SIMON, SLY P E, VILAPAKKAM S. Effect of compatibility of SR mapping on reactions toward the stimulus source [J]. Acta Psychologica, 1981, 47（1）: 63-81.

[2] DE JONG, LIANG C C, LAUBER E. Conditional and unconditional automaticity : a dual-process model of effects of spatial stimulus-response correspondence [J]. Journal of Experimental Psychology : Human Perception and Performance, 1994, 20（4）: 731-750.

[3] LU C-H, PROCTOR R W. Processing of an irrelevant location dimension as a function of the relevant stimulus dimension [J]. Journal of Experimental Psychology : Human Perception and Performance, 1994, 20（2）: 286-298.

[4] PROCTOR R W, PICK D F. Display-control arrangement correspondence and logical recoding in the Hedge and Marsh reversal of the Simon effect [J]. Acta Psychologica, 2003, 112（3）: 259-278.

[5] WUHR P, BIEBL R. Logical recoding of S-R rules can reverse the effects of spatial S-R correspondence [J]. Attention Perception & Psychophysics, 2009, 71（2）: 248-257.

时，在相同和不同颜色规则下，反转 Simon 效应的差异是显著的，$F（1，15）=$ 6.40，$p=.023$，$\eta_p^2=.299$。这再次表明了，刺激—反应颜色规则与空间一致性的交互作用影响着任务操作。此外，研究者比较了每种颜色规则下，不同组别之间的空间一致性。在相同颜色规则条件下，75/25 组的 Simon 效应是显著大于 50/50 组，$t（30）=4.58$，$p<.001$，$d=2.039$，而 25/75 组的 Simon 效应是显著小于 50/50 组，$t（30）=-8.59$，$p<.001$，$d=-3.137$。在不同颜色规则条件下，75/25 组的反转 Simon 效应是显著小于 50/50 组，$t（30）=3.70$，$p=.001$，$d=1.349$，而 25/75 组的反转 Simon 效应是显著大于 50/50 组，$t（30）=-3.46$，$p=.002$，$d=-1.265$。组别和刺激—反应颜色规则间的交互作用是不显著的，$F（2，45）=$ 0.37，$p=.696$，$\eta_p^2=.016$，表明了相同颜色规则与不同颜色规则间的差异在各组别间是相似的。

错误率的结果，如图 4-2B 所示，组别具有一个边缘显著的主效应，$F（2，$ 45）$=3.21$，$p=.050$，$\eta_p^2=.125$，表明 25/75 组的错误率（5.8%）大于 50/50（3.7%）和 75/25（3.5%）组的错误率。刺激—反应颜色规则具有显著的主效应，$F（1，$ 45）$=8.53$，$p=.005$，$\eta_p^2=.159$，显示了在相同颜色规则条件下的错误率（3.4%）是小于不同颜色规则条件（5.3%）。组别 × 刺激—反应颜色规则 × 空间一致性的三重交互作用是不显著的，$F（2，45）=2.02$，$p=.145$，$\eta_p^2=.082$，但这里存在一个显著的组别 × 空间一致性的二重交互作用，$F（2，45）=14.20$，$p<.001$，$\eta_p^2=.387$，表明在 75/25 组中，不一致试次（4.0%）的错误率高于一致试次（3.1%），而在 25/75 组中，不一致试次（3.2%）的错误率低于一致试次（8.4%）。刺激—反应颜色规则与空间一致性的交互作用也是显著的，$F（1，45）=$ 8.61，$p=.005$，$\eta_p^2=.161$，表明在相同颜色规则条件下，不一致（3.2%）与一致试次（3.5%）的错误率没有显著差异，而在不同颜色规则下，不一致试次的错误率（4.0%）显著小于一致试次（6.7%）。组别与刺激—反应颜色规则间的交互作用不显著，$F（2，45）=0.38$，$p=.695$，$\eta_p^2=.016$，表明相同和不同颜色规则的差异在不同组别间没有变化。我们也详细比较了错误率上的 Simon 效应，得到与先前反应时相似的模式（见图 4-2D）。

重复效应

比例一致效应的操纵导致每种试次类型在试次个数上的不平衡，因此，导致了在多数可能试次类型中试次类型重复的可能性。在当前研究中，一致试次与不一致试次的刺激平均重复率（指物理刺激的重复）在三种条件下分别是 0.16 和 0.05（75/25），0.10 和 0.10（50/50），0.04 和 0.16（25/75）。为了排除刺激和反应的重复效应，我们对没有刺激或反应重复的试次进行方差分析。刺激重复的定义是包括目标和反应标识在内的全部视觉显示重复。因为实验中整体上的错误率较低，所以只对正确反应进行分析。我们操纵一个混合设计的方差分析来分析反应时数据，三个因素分别是组别，刺激—反应颜色规则和空间一致性。刺激—反应颜色规则具有显著的主效应，$F(1, 45) = 257.74$，$p < .001$，$\eta_p^2 = .851$，空间一致性具有边缘显著的主效应，$F(1, 45) = 2.87$，$p = .097$，$\eta_p^2 = .060$，而组别的主效应不显著，$F(2, 45) = 1.85$，$p = .169$，$\eta_p^2 = .076$。组别 × 刺激—反应颜色规则 × 空间一致性的三重交互作用显著，$F(2, 45) = 4.09$，$p = .023$，$\eta_p^2 = .154$。在 75/25 组，相同颜色规则（99ms）与不同颜色规则（10ms）条件均得到正的 Simon 效应；在 50/50 组，相同颜色规则下得到正的 Simon 效应（27ms），而在不同颜色规则下得到反转的 Simon 效应（−39ms）；在 25/75 组，相同颜色规则（−59ms）和不同颜色规则（−93ms）条件下均得到反转的 Simon 效应。组别与刺激—反应颜色规则间的交互作用不显著，$F(2, 45) = 0.24$，$p = .791$，$\eta_p^2 = .010$。

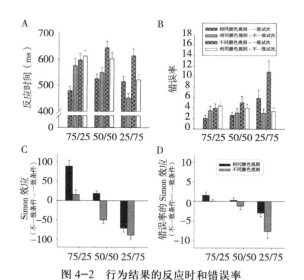

图 4-2　行为结果的反应时和错误率
（图片来源：作者绘制）

注：图 A 为反应时，图 B 为错误率，图 C 是反应时的 Simon 效应（不一致条件 – 一致条件），图 D 是错误率的 Simon 效应。每组的比例一致性是根据一致 / 不一致试次（例如，75/25 表明 75% 的试次为一致试次，而 25% 的试次为不一致试次）。误差线是标准误。AC 指不同颜色规则，Con 指一致试次，Inc 指不一致试次，SC 指相同颜色规则。

在三组被试中，一致与不一致试次的平均反应重复率分别为 0.48 和 0.48（75/25），0.47 和 0.49（50/50），0.48 和 0.49（25/75）。研究者对没有反应重复的试次的反应时进行混合设计的方差分析，结果发现，刺激—反应颜色规则具有显著的主效应，$F(1, 45) = 231.33$，$p < .001$，$\eta_p^2 = .837$，空间一致性具有边缘显著的主效应，$F(1, 45) = 3.42$，$p = .071$，$\eta_p^2 = .071$，而组别的主效应不显著，$F(2, 45) = 1.75$，$p = .186$，$\eta_p^2 = .072$。组别 × 刺激—反应颜色规则 × 空间一致性的三重交互作用差异显著，$F(2, 45) = 4.17$，$p = .022$，$\eta_p^2 = .156$。在75/25 组，相同颜色规则（102ms）和不同颜色规则（13ms）下均得到正的 Simon 效应；在 50/50 组，相同颜色规则下得到正的 Simon 效应（21ms），而不同颜色规则下得到反转的 Simon 效应（–41ms）；在 25/75 组，相同颜色规则（–61ms）和不同颜色规则（–88ms）条件下均得到反转的 Simon 效应。组别与刺激—反应颜色规则的交互作用不显著，$F(2, 45) = 0.05$，$p = .956$，$\eta_p^2 = .002$。

研究者也分析了具有反应重复的试次，对这些试次的反应时进行混合设计的方差分析，发现刺激—反应颜色规则具有显著的主效应，$F(1, 45) =$ 217.94，$p < .001$，$\eta_p^2 = .829$，而空间一致性和组别的主效应均不显著，$F(1, 45) = 2.18$，$p = .147$，$\eta_p^2 = .046$；$F(2, 45) = 2.04$，$p = .142$，$\eta_p^2 = .083$。组别 × 刺激—反应颜色规则 × 空间一致性的三重交互作用差异显著，$F(2, 45) = 3.59$，$p = .036$，$\eta_p^2 = .137$。在 75/25 组，相同颜色规则（101ms）和不同颜色规则（16ms）下均得到正的 Simon 效应；在 50/50 组，相同颜色规则下得到正的 Simon 效应（28ms），而在不同颜色规则下得到反转的 Simon 效应（–38ms）；在 25/75 组，相同颜色规则和不同颜色规则下均得到反转的 Simon 效应（–66ms 和 –100ms）。组别与刺激—反应颜色规则的交互作用不显著，$F(2, 45) = 1.05$，$p = .360$，$\eta_p^2 = .044$。

总之，即使排除了刺激或反应重复的试次所得到的结果与先前分析的结果也是一致的，因此，这个实验的结果表明受调节的冲突效应不可能是由重复效应导致的。

4.4　认知机制的讨论

行为实验的结果显示了，在高一致条件（75/25 组）下，相同规则下正的

Simon 效应变大，而不同规则下反转 Simon 效应变小并出现反转；在低一致条件（25/75 组），相同规则下正的 Simon 效应反转，而不同规则下反转 Simon 效应变大，这一结果模式与可能性学习假设的预期相一致。

当前结果也表明，在干扰任务中，反应规则与比例一致性效应存在交互作用，但比例一致效应起到主导作用。冲突效应变化的方向主要受到比例一致效应的影响，当一致试次占多数时，一致试次的反应时变快，而当不一致试次占多数时，不一致试次的反应时变快。虽然被试并不能报告出一致试次与不一致试次间准确的比例关系，但被试无意识地采用了某种认知加工的策略来完成任务。根据可能性学习的解释，在高一致条件下，被试无意识地习得了一致的刺激—反应联结，并以此来预期正确的反应；而在低一致条件下，被试无意识地习得了不一致的刺激—反应联结，并以此来预测正确的反应。因此，Simon 效应的方向主要是由比例一致效应决定的，规则效应只在一定程度上起作用。

这一结果是与前人的研究相一致的，Marble 和 Proctor[1] 的研究也发现，在 50/50 条件下得到 15ms 的正的 Simon 效应，而在 75/25 条件，Simon 效应增加到 58ms，但在 25/75 条件下，Simon 效应减小及至反转为 –36ms。由于本研究采用 Hedge 和 Marsh 任务，而 Marble 和 Proctor 实验采用经典的 Simon 任务，通常前者得到的冲突效应量是大于后者的，所以当前研究中比例一致效应的调节效应更明显。在 Stroop 任务中很少出现反转的冲突效应，但最早进行比例一致效应研究的一个实验中，Logan 和 Zbrodoff[2] 采用空间 Stroop 任务，也得到与当前研究相类似的结果。在他们的实验 2 中，Stroop 效应量从高一致条件下（一致 / 不一致：80/20）的 92ms 减小到低一致条件下（一致 / 不一致：20/80）的 –58ms。这些结果都支持了可能性学习假说，但与之前支持可能性学习假说的研究不同，在当前研究中，研究者没有采用再分析的方式去分离一致性与可能性的作用。之所以如此，是因为在当前研究中我们采用了被试间设计，考虑到被试个体间的差

① MARBLE J G, PROCTOR R W. Mixing location-relevant and location-irrelevant choice-reaction tasks : influences of location mapping on the Simon effect [J]. Journal of Experimental Psychology : Human Perception and Performance, 2000, 26 (5) : 1515-1533.

② LOGAN G D, ZBRODOFF N J. When it helps to be misled : Facilitative effects of increasing the frequency of conflicting stimuli in a Stroop-like task [J]. Memory & cognition, 1979, 7 (3) : 166-174.

异，使得再分析可能会引起较大的误差，故没有采用与 Schmidt 和 Besner[1] 类似的分析。

此外，由于当前研究采用行为实验，研究者不能完全否认认知控制在当前任务中可能存在着影响，被试有可能采用一定的策略去调节注意的权重，但实验结果强调了可能性学习在任务中的主导作用。在实验 2 中，研究者将采用 fMRI 技术进一步探讨这一认知过程的神经基础，并检验认知控制在其中的作用。

---

[1] SCHMIDT J R，BESNER D. The Stroop effect：Why proportion congruent has nothing to do with congruency and everything to do with contingency [J]. Journal of Experimental Psychology-Learning Memory and Cognition，2008，34（3）：514-523.

第 5 章

比例一致效应中认知控制的脑成像研究

5.1　比例一致效应现象下的神经活动

基于认知控制的注意调节理论，研究者发现了比例一致效应引起了认知控制相关脑区的激活，随着比例一致效应的变化，负责冲突监测的前扣带回（anterior cingulate cortex，ACC）和执行控制的背外侧前额叶（DLPFC）活动产生相似的变化[1~3]。研究者认为，在多数试次为不一致试次时，ACC监测到大量的冲突，并随后将冲突信号传递到DLPFC，而DLPFC调节对刺激相关维度和无关维度的注意，从而减少了无关维度的干扰，使得冲突效应减小。Burgess和Braver[4]认为在PC效应中根据预期冲突的多少存在两种控制模式，当预期冲突较少（多数一致条件）时，表现为反应控制，主要激活ACC和DLPFC，而在预期冲突较多（多数不一致条件）时，表现为主动控制，主要激活左侧中额回[5]。整合的适应理论则认为冲突监测系统并不是直接把冲突信息传递到可以保持任务相关信息的工作记忆系统（DLPFC），而是引起了神经递质分泌系统（如蓝斑，locus coeruleus，LC）的唤醒反应。而蓝斑系统可以调节实时的赫布学习进而影响在线任务中相关刺激的主动表征，尤其是在不一致试次中，这种赫布学习会被增强[6]。在这个模型中，需要增强加工的刺激（即任务相关刺激）连接着负责任务激活的神经单元，需要被抑制的刺激（即任务无关刺激）与抑制神经单元相连，从而实现了相关/无关刺激加工的协同作用，但很少有脑成像的研究观察到在PC效应中蓝斑的激活。

支持学习理论的研究者认为，比例一致效应不仅涉及认知控制系统的活动，而且会引起与刺激—反应联结习得与存储有关的脑区的激活。最近的一项的研究发现，比例一致效应的变化引起了前中扣带回（anterior midcingulate cortex，

① BLAIS C, BUNGE S. Behavioral and neural evidence for item-specific performance monitoring [J]. Journal of Cognitive Neuroscience, 2010, 22（12）: 2758-2767.

② GRANDJEAN J, D'OSTILIO K, FIAS W, et al. Exploration of the mechanisms underlying the ISPC effect : Evidence from behavioral and neuroimaging data [J]. Neuropsychologia, 2013, 51 : 1040-1049.

③ BOTVINICK M M, BRAVER T S, BARCH D M, et al. Conflict monitoring and cognitive control [J]. Psychol Rev, 2001, 108（3）: 624-652.

④ BURGESS G C, BRAVER T S. Neural mechanisms of interference control in working memory : effects of interference expectancy and fluid intelligence [J]. PloS one, 2010, 5（9）: e12861.

⑤ MANARD M, FRANCOIS S, PHILLIPS C, et al. The neural bases of proactive and reactive control processes in normal aging [J]. Behavioural Brain Research, 2017, 320 : 504-516.

⑥ VERGUTS T, NOTEBAERT W. Adaptation by binding : A learning account of cognitive control [J]. Trends Cogn Sci, 2009, 13（6）: 252-257.

aMCC），背外侧前额叶，双侧上顶叶（superior parietal lobule，SPL）和双侧背侧前运动皮层（dorsal premotor cortex，dPMC）相似模式的变化[1]，其中 SPL 和 dPMC 的激活与刺激—反应联结学习有关，而认知控制系统能够根据新习得的刺激—反应联结去解决比例变化引起的冲突。此外，支持学习理论的研究者认为 ACC 的活动不能成为认知控制存在的标志，它也可能是与花在任务上的时间（time-on-task）有关[2][3]。根据 Schmidt[4] 的解释，ACC 的活动可能反映了被试在学习反应时间的分布，而 DLPFC 可能反映了学习基于这一分布而形成的规律性反应[5][6]。

5.2　脑成像的方法与设计

研究 1 在行为水平上，检验了注意调节与可能性学习在比例一致效应中的作用，发现了可能性学习在这一效应中起到主导的作用，在研究 2 中研究者采用相同的任务范式，用 fMRI 技术来揭示这一心理过程的神经基础。

5.2.1　实验设计与程序

54 名神经与精神状态健康的志愿者（年龄：22.4 ± 2.6 岁，25 名女性）参与了本实验。根据爱丁堡利手调查问卷，所有被试均为右利手，且视力或矫正视力正常。被试事先不了解实验的目的。所有被试随机分成三组，每组 18 人。所有被试均签订书面知情同意书，并在实验后获得一定的报酬。本研究经过华南师范大学心理学院伦理委员会的批准。

① XIA T，LI H，WANG L. Implicitly strengthened task-irrelevant stimulus-response associations modulate cognitive control : Evidence from an fMRI study [J]. Hum Brain Mapp，2016，37（2）：756-772.
② GRINBAND J，SAVITSKAYA J，WAGER T D，et al. The dorsal medial frontal cortex is sensitive to time on task，not response conflict or error likelihood [J]. Neuroimage，2011，57（2）：303-311.
③ WEISSMAN D H，CARP J. The congruency effect in the posterior medial frontal cortex is more consistent with time on task than with response conflict [J]. PloS one，2013，8（4）：e62405.
④ SCHMIDT J R. Questioning conflict adaptation : proportion congruent and Gratton effects reconsidered [J]. Psychon Bull Rev，2013，20：615-630.
⑤ SCHMIDT J R. List-level transfer effects in temporal learning : Further complications for the list-level proportion congruent effect [J]. Journal of Cognitive Psychology，2014，26（4）：373-385.
⑥ SCHMIDT J R，LEMERCIER C，DE HOUWER J. Context-specific temporal learning with non-conflict stimuli : proof-of-principle for a learning account of context-specific proportion congruent effects [J]. Front Psychol，2014，5：1241.

5.2.2　设备与刺激

研究者采用 Presentation（version 16.3，Neurobehavioral Systems Inc.，USA）软件来编制程序，呈现刺激和记录行为反应。通过固定在 MRI 头部线圈上的镜子，被试可以看到在仪器后面投影屏幕上呈现的刺激。刺激的内容与实验 1 相同。被试通过两个 MRI 兼容的反应器进行反应，反应器与光纤电缆相连，分别放置在被试身体的两侧。被试手持反应器，用左右姆指按压左反应器上的键（代表左键）或右反应器上的键（代表右键）来对目标刺激进行反应。

5.2.3　程序

实验程序与实验 1 的程序相似，如图 5-1，不同之处在于，每组被试除了完成 384 次实验试次外，还需完成 128 个空试次。空试次与实验试次随机混合，作为刺激间的抖动设计以增加实验设计的有效性[①]。在空试次中，只呈现 1600ms 的"+"注视点，之后跟随 900ms 的黑屏。

5.2.4　数据获取

所有 MRI 功能像在 3.0 T 全身磁共振成像仪（Siemens Magnetom Trio Tim）上获得。全脑功能像由梯度回波平面成像（EPI）序列获得，相关参数如下：重复时间（TR）=2000ms，回波时间（TE）=30ms，视野（FOV）=192mm，层数 32 层，层厚 3.0mm，层间距 0.75mm，平面分辨率 =3.0 × 3.0mm^2，倾斜角度为 90°。我们采用舒适的外部头箍去减小扫描过程中的头动。在 22 分钟内获得 810 幅全脑功能像，为了 T1 平衡效应，前 4 幅功能像被弃用。研究者采用一个标准的 T1- 加权 3D 磁化预快速梯度回波（MP-RAGE）序列获得额外的高分辨率结构像（体素大小 =1 × 1 × 1mm^3）。

5.2.5　数据处理

FMRI 数据采用统计参数图软件（SPM8；Wellcome Trust Centre for Neuroimaging，University College London，London，UK）进行分析。整个数据

---

① DALE A M. Optimal experimental design for event-related fMRI [J]. Hum Brain Mapp, 1999, 8（2-3）: 109-114.

处理过程可以分为两个阶段：空间预处理和统计分析。数据预处理包括运动校正（Realign）、空间标准化（Normalize）和高斯平滑（Smooth）几部分：首先采用仿射配准对 EPI 卷积进行头动校正。其后，每个被试的高分辨率 T1 结构像与平均重排功能像配准。采用统一分割的方法将配准后的 T1 加权像空间标准化到蒙特利尔神经学研究所（MNI）模板 [1]。由此产生的变形参数被应用到单个 EPI 卷积上。因此，所有功能像被转换成标准的立体定位空间，体素大小为 $2 \times 2 \times 2mm^3$。随后，采用 FWHM（full-width at half-maximum）为 8mm 的高斯低通滤波器对所有图像进行滤波，尽可能消除高频空间噪声，以提高图像的信噪比。

第二阶段的统计分析，首先进行第一水平的个体统计分析。根据广义线形模型（general linear model，GLM）对 fMRI 血液氧饱和水平检测（blood-oxygen-level dependent，BOLD）数据进行分析。每个实验条件的锁定时间为目标颜色刺激开始时，用一个标准的血液动力反应函数（hemodynamic response function，HRF）模型进行统计分析并进行 time derivatives 拟合 [2]。用界限为 128 秒的高通滤波器过滤掉低频信号的漂移。用 AR（1）处理来建模 fMRI 卷积的时间自动校正。来自校正过程中的头动估计被放入其中作为协变量来去除 EPI 时间序列中头动相关的变异。在设计矩阵中对全部四个实验条件进行建模：1）相同颜色规则一致条件；2）相同颜色规则不一致条件；3）不同颜色规则一致条件；4）不同颜色规则不一致条件。此外，错误反应也被建模（如果有），作为不感兴趣的效应。对于每个被试，四个实验条件的每个都建立一个对比像（每种条件对基线），并将其放入随后的组分析中。在第二水平的随机效应分析中，来自第一水平分析的 BOLD 反应的参数估计被放入全因素方差分析中，被试间因素包括"组别"（一致与不一致试次的比例，3 水平：75/25，50/50，25/75），被试内因素包括"刺激—反应颜色规则"（2 水平：相同颜色规则 [SC]，不同颜色规则 [AC]）和"空间一致性"（2 水平：一致，不一致）。统计阈限设置为 $p < .05$（在 cluster 水平上 FWE 校正；在体素水平上未校正的 $p < .001$）。

---

[1] ASHBURNER J, FRISTON K J. Unified segmentation [J]. Neuroimage, 2005, 26 (3): 839-851.

[2] FRISTON K J, FLETCHER P, JOSEPHS O, et al. Event-related fMRI: characterizing differential responses [J]. Neuroimage, 1998, 7 (1): 30-40.

5.3　实验室的研究结果

5.3.1　行为结果

研究者首先从正确反应中剔除极端值，剔除标准为每种条件下平均数的三个标准差之外数据。随后研究者分别对反应时和错误率操纵一个 $3 \times 2 \times 2$ 的混合设计方差分析，其中被试间因素为组别（一致试次与不一致试次的比例，3 水平：75/25，50/50，25/75），被试内因素为刺激—反应颜色规则（2 水平：相同颜色规则，不同颜色规则）和空间一致性（2 水平：一致，不一致）。如图 5-1A 显示，反应时的方差分析揭示了刺激—反应颜色规则具有显著的主效应，$F（1，51）=449.97$，$p < .001$，$\eta_p^2 = .898$，表明相同颜色规则条件下反应时（512ms）快于不同颜色规则条件（607ms）。空间一致性的主效应也是显著的，$F（1，51）= 5.80$，$p = .020$，$\eta_p^2 = .102$，而组别的主效应是不显著的，$F（2，51）= 0.34$，$p = .710$，$\eta_p^2 = .013$。组别 × 刺激—反应颜色规则 × 空间一致性的三重交互作用是边缘显著的，$F（2，51）= 2.48$，$p = .094$，$\eta_p^2 = .089$，表明 Simon 效应的变化同时受到组别和刺激—反应规则的调节。为了详细检验 Simon 效应，研究者分别在三组被试中，比较在相同与不同颜色规则条件下，不一致试次与一致试次的反应时差异。如图 5-1C 所示，在 50/50 组，相同颜色规则条件下获得正的 Simon 效应（25ms），而在不同颜色规则条件下获得反转的 Simon 效应（-65ms），这与先前研究中 Hedge 和 Marsh 任务的经典发现相似 [1~3]。在 75/25 组，当一致试次的比例变大时，在相同颜色规则下获得一个增大的 Simon 效应（78ms），而在不同颜色规则条件下，反转 Simon 效应消失，取而代之的是一个小的正的 Simon 效应（5ms）。然而，在 75/25 组中，不同颜色规则下的 Simon 效应显著小于相同颜色规则条件，$t（17）= 5.52$，$p < .001$，$d = 1.685$，表明了刺激—反应颜色规则与空间一致性的交互作用仍然影响着任务的操作。与之相对，在 25/75 组，当一致试次的比例小

---

① SIMON，SLY P E，VILAPAKKAM S. Effect of compatibility of SR mapping on reactions toward the stimulus source [J]. Acta Psychologica，1981，47（1）：63-81.

② DE JONG，LIANG C C，LAUBER E. Conditional and unconditional automaticity：a dual-process model of effects of spatial stimulus-response correspondence [J]. Journal of Experimental Psychology：Human Perception and Performance，1994，20（4）：731-750.

③ LU C-H，PROCTOR R W. Processing of an irrelevant location dimension as a function of the relevant stimulus dimension [J]. Journal of Experimental Psychology：Human Perception and Performance，1994，20（2）：286-298.

于 50/50 时，相同颜色规则下的 Simon 效应出现了反转（不一致试次比一致试次快 24ms），而不同颜色规则下的反转 Simon 效应略有增加（–74ms）。并且，相同与不同颜色规则下的反转 Simon 效应间的差异显著，$t（17）= 4.08$，$p = .001$，$d = 1.357$。这再次表明了刺激—反应颜色规则与空间一致性的交互作用影响了行为表现。此外，研究者在每种颜色规则条件下，比较了各组被试间的空间一致性。在相同颜色规则下，75/25 组被试的 Simon 效应是显著大于 50/50 组，$t（34）= 4.49$，$p < .001$，$d = 1.540$，而 25/75 组被试的 Simon 效应显著小于 50/50 组，$t（34）= 4.76$，$p < .001$，$d = 1.632$。在不同颜色规则下，75/25 组被试的反转 Simon 效应显著小于 50/50 组，$t（34）= 4.77$，$p < .001$，$d = 1.636$，但 25/75 与 50/50 组间的反转 Simon 效应的差异不显著，$t（34）= 0.76$，$p = .456$，$d = .261$。组别与刺激—反应颜色规则间的交互作用不显著，$F（2，51）= 0.80$，$p = .457$，$\eta_p^2 = .030$，显示了相同与不同颜色规则间的差异在各组被试中是相似的。

错误率的分析如图 5–1B 所示，在组因素上发现一个边缘显著的主效应，$F（2，51）= 2.52$，$p = .090$，$\eta_p^2 = .090$，显示了 25/75 组的错误率（8.2%）大于 50/50 组（6.3%）和 75/25（5.1%）组。刺激—反应颜色规则的主效应是显著的，$F（1，51）= 20.33$，$p < .001$，$\eta_p^2 = .285$，相同颜色规则的错误率（4.8%）小于不同颜色规则（8.2%）。组别 × 刺激—反应颜色规则 × 空间一致性的三重交互作用不显著，$F（2，51）= 1.58$，$p = .216$，$\eta_p^2 = .058$，但组别 × 空间一致性的交互作用是显著的，$F（2，51）= 12.62$，$p < .001$，$\eta_p^2 = .331$，显示了在 75/25 组中，不一致条件（6.5%）比一致条件（3.7%）的错误率要高，而在 25/75 组中，不一致条件（5.8%）比一致条件（10.6%）的错误率要低。颜色规则和空间一致性的交互作用也是显著的，$F（1，51）= 19.22$，$p < .001$，$\eta_p^2 = .274$，表明了在相同颜色规则下，不一致条件（5.0%）比一致条件（4.6%）的错误率要高，而在不同颜色规则下，不一致条件的错误率要低于一致条件（6.3% vs. 10.1%）。组别与刺激—反应颜色规则的交互作用不显著，$F（2，51）= 0.74$，$p = .481$，$\eta_p^2 = .028$，表明相同与不同颜色规则间的差异在不同组别间没有不同。我们也详细计算了错误率上的 Simon 效应，结果显示了与反应时具有相似的模式，如见图 5–1D。

1. 学习效应

25/75 组的 Simon 效应与 75/25 的反转 Simon 效应都产生了反转，这意味着被试增强了空间相容或不相容的刺激—反应（S–R）联结。先前研究也发现了

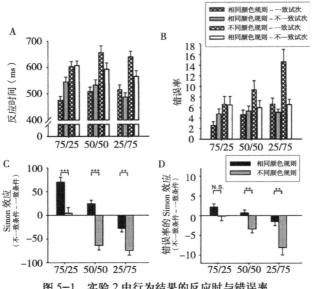

图 5-1　实验 2 中行为结果的反应时与错误率
（图片来源：作者绘制）

通过练习，被试可能逐渐习得 S-R 联结[①~③]。因此，S-R 联结的强度可能是随着练习逐渐增加的，我们检验这种假设，将受到调节的 Simon 效应与练习时间进行相关分析。对每个被试，研究者把所有试次按照任务时间分成四段，然后计算每一小段中相同与不同颜色规则下不一致与一致试次间的差异（Simon 效应），并将结果绘制下来。然后，研究者计算 Simon 效应（Inc－Con 的差）与时间段数（1-4）间的相关系数。对于 50/50 组，相同颜色规则条件下正的 Simon 效应（$r = 0.11$，$p = .361$）与不同颜色规则条件下反转的 Simon 效应（$r = -0.08$，$p = .526$）与时间段之间的相关均不显著，显示了此条件下没有学习效应。

对于 75/25 组，正的 Simon 效应（$r = 0.36$，$p = .002$）与反转 Simon 效应（$r = 0.24$，$p = .040$）与时间段均显著正相关，表明了两种效应都随着练习而增大。与之相反，在 25/75 组中，在相同颜色规则条件下，正的 Simon 效应与时间段显著负相关（$r = -0.32$，$p = .006$），表明了 Simon 效应随着练习逐渐减小，并且，在不同颜色规则条件下，反转 Simon 效应与时间段的负相关也达到了显著水平（$r = -0.26$，$p = .031$）。

① RUGE H，WOLFENSTELLER U. Rapid formation of pragmatic rule representations in the human brain during instruction-based learning [J]. Cereb Cortex，2010，20（7）：1656-1667.

② BOETTIGER C A，D'ESPOSITO M. Frontal networks for learning and executing arbitrary stimulus-response associations [J]. Journal of Neuroscience，2005，25（10）：2723-2732.

③ GROL M J，DE LANGE F P，VERSTRATEN F A，et al. Cerebral changes during performance of overlearned arbitrary visuomotor associations [J]. Journal of Neuroscience，2006，26（1）：117-125.

2. 重复效应

比例一致性的操纵导致了每种试次类型上试次总数的不平衡，因此对于多数可能试次类型来说，试次类型重复的可能性也随之增大。在当前研究中，三组被试中一致与不一致试次的平均刺激重复率分别是 0.16 和 0.04（75/25），0.09 和 0.08（50/50），0.05 和 0.15（25/75）。为了排除刺激与反应的重复效应，我们仅对没有刺激或反应重复的试次进行方差分析。刺激重复被定义为整个视觉显示（包括目标与反应标识）的重复。因为错误率较低，错误试次的数目很少，我们只对正确反应进行分析。对于反应时，一个包含组别、刺激—反应颜色规则和空间一致性三因素的混合设计方差分析被实施。结果发现刺激—反应颜色规则具有显著的主效应，$F(1, 51) = 440.51$，$p < .001$，$\eta_p^2 = .896$，空间一致性具有显著的主效应，$F(1, 51) = 5.88$，$p = .019$，$\eta_p^2 = .103$，而组别的主效应是不显著的，$F(2, 51) = 0.33$，$p = .721$，$\eta_p^2 = .013$。组别 × 刺激—反应颜色规则 × 空间一致性的三重交互作用边缘显著，$F(2, 51) = 2.77$，$p = .072$，$\eta_p^2 = .098$。在 75/25 组，相同颜色规则得到正的 Simon 效应（75ms），不同颜色规则下 Simon 效应几乎消失（1ms）。在 50/50 组，相同（25ms）与不同颜色（−66ms）规则下分别得到正的和反转的 Simon 效应。然而，在 25/75 组，相同（−23ms）与不同颜色（−70ms）规则下均为反转的 Simon 效应。组别与刺激—反应颜色规则的交互作用是不显著的，$F(2, 51) = 0.63$，$p = .536$，$\eta_p^2 = .024$。

三组被试一致与不一致试次的平均反应重复率分别为 0.49 和 0.49（75/25），0.48 和 0.48（50/50），0.46 和 0.50（25/75）。从反应时上看，对没有反应重复的试次进行混合设计的方差分析发现，刺激—反应颜色规则具有显著的主效应，$F(1, 51) = 334.20$，$p < .001$，$\eta_p^2 = .868$，空间一致性具有显著的主效应，$F(1, 51) = 5.30$，$p = .025$，$\eta_p^2 = .094$。组别的主效应是不显著的，$F(2, 51) = 0.45$，$p = .639$，$\eta_p^2 = .017$。组别 × 刺激—反应颜色规则 × 空间一致性的三重交互作用显著，$F(2, 51) = 3.86$，$p = .027$，$\eta_p^2 = .131$。在 75/25 组，相同（78ms）与不同颜色（3ms）规则下均得到正的 Simon 效应；在 50/50 组，相同（24ms）与不同颜色（−67ms）规则分别得到正的和反转的 Simon 效应。然而，在 25/75 组，相同（−32ms）与不同颜色（−67ms）规则下均得到反转的 Simon 效应。组别与刺激—反应颜色规则的交互作用不显著，$F(2, 51) = 0.44$，$p = .646$，$\eta_p^2 = .017$。

　　我们也对具有反应重复的试次进行了分析。从反应时上看，混合设计方差分析发现，刺激—反应颜色规则具有显著的主效应，$F(1, 51) = 333.90$，$p < .001$，$\eta_p^2 = .867$，空间一致性具有显著的主效应，$F(1, 51) = 3.76$，$p = .058$，$\eta_p^2 = .069$。组别的主效应不显著，$F(2, 51) = 0.26$，$p = .769$，$\eta_p^2 = .010$。组别 × 刺激—反应颜色规则 × 空间一致性的三重交互作用不显著，$F(2, 51) = 0.77$，$p = .467$，$\eta_p^2 = .029$。在 75/25 组，相同（78ms）与不同颜色（10ms）规则下均得到正的 Simon 效应；在 50/50 组，相同（27ms）与不同颜色（-63ms）规则下分别得到正的和反转的 Simon 效应；而在 25/75 组，相同（-18ms）与不同颜色（-85ms）规则下均得到反转的 Simon 效应。组别与刺激—反应颜色规则的交互作用不显著，$F(2, 51) = 1.00$，$p = .373$，$\eta_p^2 = .038$。

　　总之，这些结果排除了刺激或反应重复的影响，依然与先前的结果相一致。因此，冲突效应被调节不可能是由重复效应造成的。

5.3.2　fMRI 结果

1. 主效应

　　研究者首先比较了相同颜色规则与不同颜色规则间的 BOLD 活动。不同颜色规则对比相同颜色规则条件下，显示 BOLD 活动显著增加的区域包括双侧上顶叶（bilateral superior parietal lobule，SPL），顶间沟（intraparietal sulcus，IPS）附近区域，双侧背侧前运动皮层（dorsal premotor cortex，dPMC），前辅助运动区 / 前中扣带回（pre-supplementary motor area，pre-SMA/anterior cingulate cortex，aMCC），双侧小脑（cerebellum）与右侧脑岛（insula）（FWE 校正 $p < .05$），见图 5-2、表 5-1a。相反的对比，相同颜色规则对不同颜色规则揭示，BOLD 活动显著增强的区域包括两个半球上的颞顶联合区（temporoparietal junction，TPJ），颞中回（middle temporal gyrus），上额回（superior frontal gyrus，SFG）和下额回（inferior frontal gyrus，IFG）（FWE corrected $p < .05$），见图 5-2、表 5-1b。然后，我们比较了不同组之间的 BOLD 活动，发现当 75/25 组对比 50/50 组时，双侧小脑和左侧楔叶（cuneus）的 BOLD 活动显著增加（FWE 校正 $p < .05$，表 5-1c）；而当 25/75 组对比 50/50 组时，双侧上枕回（superior occipital gyrus），右侧舌回（lingual gyrus），左侧小脑，右侧楔叶，左侧中央后回（postcentral gyrus）和上顶叶的 BOLD 活动显著增强，见表 5-1d。在一致与不一致条件间的对比没有发现任何显著结果。

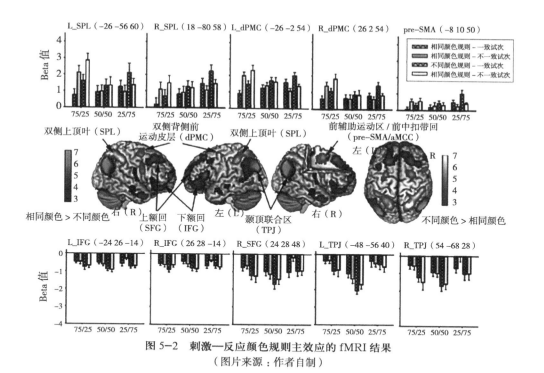

图 5-2 刺激—反应颜色规则主效应的 fMRI 结果
（图片来源：作者自制）

主效应显著激活的脑区   表 5-1

脑区	大脑半球	坐标			峰值（z-Score）	体素
（a）不同颜色规则 > 相同颜色规则						
Superior Parietal Lobule	R	24	−64	50	Inf	5796
Inferior Parietal Lobule	R	40	−40	46	6.87	
Cerebellar Vermis		4	−60	−18	7.24	4325
Cerebellum	L	−20	−60	−28	6.33	
Cerebellum	R	26	−56	−28	5.29	
Inferior Parietal Lobule	L	−42	−42	44	6.41	5007
Superior Parietal Lobule	L	−18	−66	50	6.36	
Middle Frontal Gyrus	L	−26	−2	54	6.04	697
Insula	R	30	32	4	4.43	633
Superior Frontal Gyrus	R	26	2	54	5.72	1311
Pre-Supplemental Motor Area/Anterior Midcingulate Cortex	R	8	14	48	4.62	
Inferior Frontal Gyrus（Pars Opercularis）	R	52	10	24	5.07	478
（b）相同颜色规则 > 不同颜色规则						
Angular Gyrus	R	50	−68	42	6.97	1497

续表

脑区	大脑半球	坐标			峰值（z-Score）	体素
Middle Temporal Gyrus	R	64	−56	10	3.59	
Middle Occipital Gyrus	L	−38	−84	32	6.43	2024
Inferior Parietal Lobule	L	−48	−56	40	4.88	
Rectal Gyrus	L	0	54	−16	5.76	9975
Middle Frontal Gyrus	L	−20	26	50	5.70	
Inferior Frontal Gyrus	L	−24	26	−14	5.64	
Superior Frontal Gyrus	R	24	28	48	5.11	
Inferior Frontal Gyrus	R	26	28	−14	4.16	
Middle Cingulate Cortex	L	0	−40	40	5.31	2943
Precuneus	R	4	−60	36	4.52	
Cuneus	L	−8	−64	28	4.41	
Middle Temporal Gyrus	R	46	4	−30	4.96	849
Medial Temporal Pole	R	42	12	−34	4.76	
Middle Temporal Gyrus	R	62	−10	−12	4.27	
Middle Frontal Gyrus	L	−40	16	42	4.49	240
Postcentral Gyrus	R	60	−6	22	4.16	262
Rolandic Operculum	R	62	0	6	3.78	
Middle Temporal Gyrus	L	−60	4	−20	3.94	458
Inferior Temporal Gyrus	L	−46	−10	−26	3.88	
（c）75/25 组 > 50/50 组						
Cerebellum	R	16	−74	−16	7.40	1168
Cerebellum	L	−24	−84	−22	4.63	
Cuneus	L	−8	−82	28	4.73	435
（d）25/75 组 > 50/50 组						
Lingual Gyrus	R	18	−74	−14	6.80	2721
Cerebellum	L	−10	−72	−12	4.80	
Superior Occipital Gyrus	L	−10	−98	6	4.76	
Superior Occipital Gyrus	R	20	−78	18	4.52	762
Cuneus	R	16	−76	32	4.29	
Postcentral Gyrus	L	−44	−10	40	4.51	233
Superior Parietal Lobule	L	−16	−42	50	4.48	530

　　分析基于 FEW 校正后 $p < .05$ 的水平上进行，采用 SPM 解剖工具箱来定位脑结构的区域[1]。L = 左；R = 右；x，y，z 为 MNI 坐标（Montreal Neurological Institute）。

---

① EICKHOFF S B, STEPHAN K E, MOHLBERG H, et al. A new SPM toolbox for combining probabilistic cytoarchitectonic maps and functional imaging data [J]. Neuroimage，2005，25（4）：1325–1335.

2. 交互作用

组别 × 刺激—反应颜色规则 × 空间一致性的三重交互作用没有发现任何显著的脑区激活。然而,在组别与空间一致性上存在显著的交互作用。对比[75/25-(Inc > Con) > 25/75-(Inc > Con)] 显示在双侧上顶叶延伸至顶间沟, 双侧背侧前运动皮层, 前辅助运动区 / 前中扣带回, 左侧背外侧前额叶(dorsolateral prefrontal cortex), 双侧颞下回(inferior temporal gyrus)和丘脑(thalamus)有显著的激活(FWE 校正 $p< .05$;如图 5-3 、表 5-2a)。特别的是, 在 75/25 组, 这些区域在不一致条件比一致条件时有更强的激活, 而在 25/75 组, 这些区域在不一致条件比一致条件时有更弱的激活, 且这种激活不依赖于 S-R 颜色规则。还

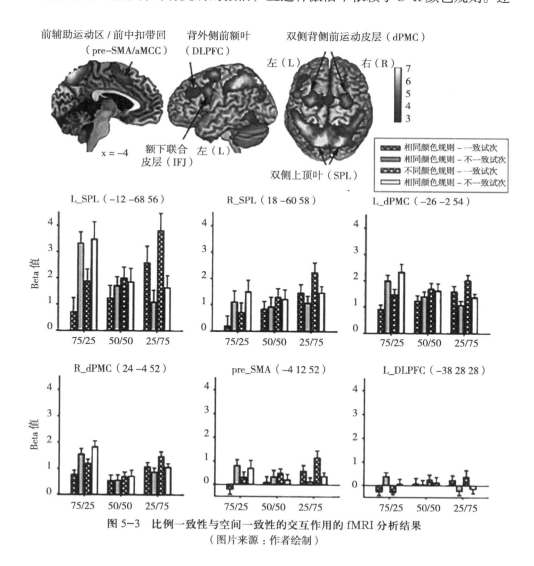

图 5-3　比例一致性与空间一致性的交互作用的 fMRI 分析结果
（图片来源：作者绘制）

应该注意到的是这些区域的大多数是与不同颜色规则对比相同颜色规则时激活的区域重叠。上述交互作用与（AC > SC）对比的结合分析确认了这种重叠，显示这些脑区包括双侧上顶叶延伸至顶间沟，双侧背侧前运动皮层，右侧小脑和左侧丘脑（FWE 校正 $p < .05$；表 5-2b），也包括边缘显著的前辅助运动区 / 前中扣带回的激活（x = 4，y = 14，z = 50；FWE 校正 $p = .056$）。此外，研究者对 75/25 组与 50/50 组，和 25/75 组与 50/50 组采用相似的交互作用分析发现，结果与 75/25 组与 25/75 组间的比较具有相似性。对比 [75/25-（Inc > Con）> 50/50-（Inc > Con）] 显示，在双侧上顶叶 / 顶间沟和前运动皮层，前辅助运动区 / 前中扣带回，左侧下额叶联接处（inferior frontal junction），左侧中央后回和左侧核壳（putamen）区域有显著激活（FWE 校正 $p < .05$；表 5-2c）。对比 [50/50-（Inc > Con）> 25/75-（Inc > Con）] 显示在左侧楔前叶（precuneus）和左侧下顶叶（inferior parietal lobule）有显著激活（FWE 校正 $p < .05$；表 5-2d），当采用更宽容的阈限（未校正 $p < .01$）可以发现双侧上顶叶 / 顶间沟，背侧前运动皮层和前辅助运动区 / 前中扣带回的激活。

行为结果显示了每组被试在颜色规则与空间一致性上的交互作用是显著的，这里我们检验这个假设，图 5-3 显示了每组被试在这种交互作用上激活的额顶区域。我们分别对每组被试的激活区域打上 mask，使其只呈现在颜色规则与空间一致性交互作用组分析中激活的区域（$p < .05$）。这些分析显示在 75/25 组，双侧上顶叶，前辅助运动区 / 前中扣带回和左侧背外侧前额叶有显著激活，在 50/50 组，前辅助运动区 / 前中扣带回有显著激活，在 25/75 组，双侧上顶叶和背侧前运动皮层显著激活（$p < .001$，voxel = 30；如图 5-4）。为了阐明这些结果，我们把前辅助运动区和左侧上顶叶的数据绘制成图。与行为结果相似，在 75/25 组，这些区域在一致与不一致条件间的差异，在相同颜色规则条件下大于不同颜色规则条件下；与之相对，在 25/75 组，相同颜色规则条件下的差异小于不同颜色规则条件下。在 50/50 组，相同颜色规则条件下，不一致条件比一致条件引起了更大的神经活动，而在不同颜色规则条件下，不一致条件比一致条件的神经活动更弱。

3. 学习效应

行为结果显示了受调节的 Simon 效应与练习是相关的。这里，研究者检验额顶区域的活动是否也存在类似的相关，这里选用的额顶区域来自于组别与空间一致性的交互作用，如图 5-5。像行为分析一样，研究者把每个被试的所有试次

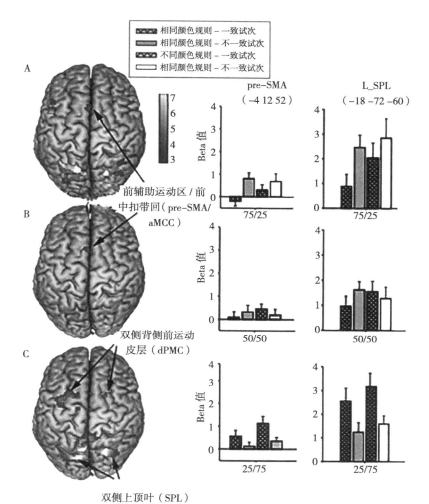

图 5-4　各组被试中颜色规则与空间一致性交互作用的 fMRI 分析结果

（图片来源：作者绘制）

交互作用显著激活的脑区　　　　　　　　　　表 5-2

脑区	大脑半球	坐标			峰值（z-Score）	激活值
（a）比例一致效应：75/25-（Inc > Con）> 25/75-（Inc > Con）						
Inferior Parietal Lobule	L	−40	−42	46	7.65	11065
Superior Parietal Lobule	L	−12	−68	56	7.51	
SupraMarginal Gyrus	R	40	−36	44	6.97	
Superior Parietal Lobule	R	18	−60	58	4.98	
Inferior Temporal Gyrus	L	−54	−58	−8	4.86	
Inferior Temporal Gyrus	R	58	−54	−10	4.64	
Middle Frontal Gyrus	L	−26	−2	54	7.28	3142

脑区	大脑半球	坐标			峰值（z-Score）	激活值
Superior Frontal Gyrus	R	24	−4	52	6.15	
Pre-Supplemental Motor Area/Anterior Midcingulate Cortex	L	−4	12	52	5.09	
Thalamus	R	20	−24	16	5.91	308
Precentral Gyrus	L	−48	6	34	5.76	655
Thalamus	L	−16	−28	14	5.45	337
Dorsolateral Prefrontal Cortex	L	−38	28	28	4.28	363
（b）比例一致效应与 S-R 规则效应（AC > SC）共同激活区						
Superior Parietal Lobule	R	20	−68	50	6.91	4256
SupraMarginal Gyrus	R	40	−38	44	6.72	
Superior Parietal Lobule	R	32	−50	60	5.16	
Inferior Parietal Lobule	L	−42	−42	44	6.41	3512
Superior Parietal Lobule	L	−18	−66	50	6.36	
Middle Frontal Gyrus	L	−26	−2	54	6.04	625
Superior Frontal Gyrus	R	26	−2	52	5.61	899
Cerebellum	R	24	−60	−28	4.57	878
Cerebellar Vermis	R	4	−74	−22	4.38	
Thalamus	L	−18	−26	14	4.28	263
（c）比例一致效应：75/25−（Inc > Con）> 50/50−（Inc > Con）						
Superior Parietal Lobule	R	20	−70	48	6.57	34604
Middle Occipital Gyrus	L	−46	−78	6	6.52	
Superior Occipital Gyrus	L	−22	−66	32	6.43	
Precentral Gyrus	L	−42	4	32	5.36	892
Postcentral Gyrus	L	−60	−2	14	3.81	
Th-Visual	L	−22	−30	−2	4.69	908
Putamen	L	−26	−16	6	4.59	
（d）比例一致效应：50/50−（Inc > Con）> 25/75−（Inc > Con）						
Precuneus	L	−10	−64	64	5.15	1891
Inferior Parietal Lobule	L	−40	−50	44	4.43	

分析基于 FEW 校正后 p< .05 的水平上进行。

分成 4 个时段。在单个被试的分析中，每个时段有四种条件：SC_Con，SC_Inc，AC_Con 和 AC_Inc（在设计矩阵中共有 16 个条件）。所有其他的分析程序与 fMRI 分析中的方法是相同的。研究者对每一部分计算两个对比（SC_Inc − SC_Con）和

（AC_Inc – AC_Con）。在组分析中，研究者对每组被试进行对比成像与时间段间的相关分析。所得的结果被打了 mask，用 [75/25–（Inc > Con）> 25/75–（Inc > Con）] 对比作 mask（$p < .001$）。这些结果显示了，对于 75/25 组，相同颜色规则条件下，在双侧上顶叶和顶间沟附近区域、双侧背侧前运动皮层、前辅助运动皮层 / 前中扣带回和左侧背外侧前额叶上存在显著的相关（$p < .05$，voxel = 30），如图 5-5，在不同颜色规则条件下，相似区域也存在显著相关。与之相对，在 25/75 组的相同颜色规则条件下，在双侧上顶叶 / 顶间沟和背侧前运动皮层上发现显著的负相关，然而，在不同颜色规则条件下，只有前辅助运动皮层 / 前中扣带回和左侧背侧前运动皮层上显示显著的负相关。对于 50/50 组，相同颜色规则与不同颜色规则条件下，均没有发现任何显著的相关（$p > .05$）。

5.4　解读脑成像的结果

当前实验采用 Hedge 和 Marsh 任务，研究者发现经典的和反转的 Simon 效应都表现出比例一致效应。两种效应在相似的方式上依赖于一致对不一致试次的比例：对于一种既定的试次类型，当它是多数时，反应时相对变快；而当它是少数时，反应时相对变慢。而且，随着不一致试次对一致试次比例的增大，正的和反转的 Simon 效应都被反转。这些结果意味着被试增强了空间 S-R 联结，并基于这种联结去引导反应。这一结果与实验 1 的结果相一致，表明了这一结果具有较高的稳定性和可靠性。FMRI 结果提供了更多证据去支持这一观点。经典的 Simon 效应是与不一致条件下上顶叶和前中扣带回更强的激活相联系的，而反转 Simon 效应是与一致条件下上顶叶和前中扣带回更强的激活相联系的。这种激活模式的反转是与经典和反转 Simon 效应的反转相伴随的，是比例一致性操纵的结果。特别地，当正的 Simon 效应反转时，在一致条件下有更强的激活，而当反转 Simon 效应反转时，在不一致条件下有更强的激活，这些激活的脑区集中在额顶联合区，包括双侧上顶叶和背侧前运动皮层，前辅助运动区 / 前中扣带回和左侧背外侧前额叶。此外，在行为和 fMRI 的结果中，对任务的跨时间段分析上都发现了学习效应，可以看作增强的 S-R 联结是随着练习逐渐增强的。这些结果集中起来，可以认为认知控制（前中扣带回和背外侧前额叶）转换监测对象去解决增强的和任务相关的 S-R 联结之间的冲突。

当前实验中，额顶区域的激活包括双侧上顶叶、双侧背侧前运动皮层、前中扣带回和背外侧前额叶等区域，这与前人的研究相一致。我们认为，双侧上顶叶和背侧前运动皮层的激活可能与 S-R 联结的习得及存储有关。当前实验中上顶叶和背侧前运动皮层的激活是与"背部注意网络"相重叠的 [1][2]。这些区域不仅涉及单个刺激或反应的独立选择中自上而下的控制，而且也负责协调 S-R 联结。人类成像研究也认为上顶叶/顶内沟表征了同一任务中所有可能的 S-R 联结 [3]。随着 S-R 联结数目的增加，上顶叶的活动也随之增强 [4]~[6]。例如，上顶叶在选择反应时（choice reaction time，CRT）任务中比在简单反应时（simple reaction time，SRT）任务中有更强的激活 [7][8]。当任意 S-R 联结被过度学习时，随着练习增加也能发现上顶叶激活的增强 [9]，这暗示了这一区域涉及习得的 S-R 映射的皮质内巩固。此外，上顶叶/顶内沟也在任务的准备期和转换任务的转换过程中被激活 [10][11]，表明了它负责任务适宜的 S-R 映射的更新。对于人类神经成像的研究也发现在过度学习的 S-R 联结后，背侧前运动皮层的活动随练习而增强 [12]。

在当前研究中，增强的空间 S-R 联结归因于刺激—反应之间的高可能性，

① CORBETTA M，SHULMAN G L. Control of goal-directed and stimulus-driven attention in the brain [J]. Nature reviews neuroscience，2002，3（3）：201-215.

② FOX M D，CORBETTA M，SNYDER A Z，et al. Spontaneous neuronal activity distinguishes human dorsal and ventral attention systems [J]. Proceedings of the national academy of sciences，2006，103（26）：10046-10051.

③ THOENISSEN D，ZILLES K，TONI I. Differential involvement of parietal and precentral regions in movement preparation and motor intention [J]. Journal of Neuroscience，2002，22（20）：9024-9034.

④ BUNGE S A，HAZELTINE E，SCANLON M D，et al. Dissociable contributions of prefrontal and parietal cortices to response selection [J]. Neuroimage，2002，17（3）：1562-1571.

⑤ BRASS M，VON CRAMON D Y. Selection for cognitive control：a functional magnetic resonance imaging study on the selection of task-relevant information [J]. Journal of Neuroscience，2004，24（40）：8847-8852.

⑥ CRONE E A，WENDELKEN C，DONOHUE S E，et al. Neural evidence for dissociable components of task-switching [J]. Cereb Cortex，2006，16（4）：475-486.

⑦ BUNGE S A，KAHN I，WALLIS J D，et al. Neural circuits subserving the retrieval and maintenance of abstract rules [J]. Journal of Neurophysiology，2003，90（5）：3419-3428.

⑧ CAVINA-PRATESI C，VALYEAR K F，CULHAM J C，et al. Dissociating arbitrary stimulus-response mapping from movement planning during preparatory period：evidence from event-related functional magnetic resonance imaging [J]. Journal of Neuroscience，2006，26（10）：2704-2713.

⑨ GROL M J，DE LANGE F P，VERSTRATEN F A，et al. Cerebral changes during performance of overlearned arbitrary visuomotor associations [J]. Journal of Neuroscience，2006，26（1）：117-125.

⑩ BRASS M，VON CRAMON D Y. The role of the frontal cortex in task preparation [J]. Cereb Cortex，2002，12（9）：908-914.

⑪ BRASS M，VON CRAMON D Y. Decomposing components of task preparation with functional magnetic resonance imaging [J]. Journal of Cognitive Neuroscience，2004，16（4）：609-620.

⑫ RUGE H，WOLFENSTELLER U. Rapid formation of pragmatic rule representations in the human brain during instruction-based learning [J]. Cereb Cortex，2010，20（7）：1656-1667.

应用这种可能性去预期反应的加工也被表征在额顶联合区 [1~3]。当前实验中，在 25/75 组，相同颜色规则下一致条件比不一致条件在这一区域有更强的激活（例如，在神经活动上经典 Simon 效应的反转）。此外，与 50/50 组相比，25/75 组在不同颜色规则下产生一个更强的反转 Simon 效应。因此，在双侧上顶叶和背侧前运动皮层的神经活动的模式是与行为结果相一致的。行为结果认为 25/75 组被试增强了空间不一致的 S-R 联结，并基于这种联结去预期反应。在一致条件下，增强的不一致的 S-R 联结所预期的反应是与正确的反应不同的，因此，在一致条件下更大的激活反映了在额顶联合区需要更多的计算去解决反应冲突并选择任务相关的 S-R 联结。相反地，在 75/25 组，不论相同颜色规则还是不同颜色规则下，双侧上顶叶和背侧前运动皮层都在不一致条件下有更大的激活。

　　而当前实验中激活的前中扣带回和背外侧前额叶，则被认为是与冲突监测及控制执行相关的。前中扣带回和背外侧前额叶的活动模式与双侧上顶叶和背侧前运动皮层的活动模式相似。随着比例一致的变化而引发前中扣带回活动的动态变化是与先前的发现相一致的 [4~8]。关于前中扣带回功能的大多数理论都认为它是作为一个评估装置存在的，例如，监测反应冲突 [9~11]，预期错误可能

① RUSCONI E，TURATTO M，UMILTA C. Two orienting mechanisms in posterior parietal lobule：An rTMS study of the Simon and SNARC effects [J]. Cognitive Neuropsychology，2007，24（4）：373-392.

② STURMER B，REDLICH M，IRLBACHER K，et al. Executive control over response priming and conflict：a transcranial magnetic stimulation study [J]. Experimental Brain Research，2007，183（3）：329-339.

③ CIESLIK E C，ZILLES K，KURTH F，et al. Dissociating bottom-up and top-down processes in a manual stimulus - response compatibility task [J]. Journal of Neurophysiology，2010，104（3）：1472-1483.

④ BARDI L，KANAI R，MAPELLI D，et al. TMS of the FEF Interferes with Spatial Conflict [J]. Journal of Cognitive Neuroscience，2012，24（6）：1305-1313.

⑤ BARDI L，KANAI R，MAPELLI D，et al. TMS of the FEF Interferes with Spatial Conflict [J]. Journal of Cognitive Neuroscience，2012，24（6）：1305-1313.

⑥ CARTER C S，MACDONALD A M，BOTVINICK M，et al. Parsing executive processes：strategic vs. evaluative functions of the anterior cingulate cortex [J]. Proceedings of the National Academy of Sciences of the United States of America，2000，97（4）：1944-1948.

⑦ BLAIS C，BUNGE S. Behavioral and neural evidence for item-specific performance monitoring [J]. Journal of Cognitive Neuroscience，2010，22（12）：2758-2767.

⑧ GRANDJEAN J，D'OSTILIO K，FIAS W，et al. Exploration of the mechanisms underlying the ISPC effect：Evidence from behavioral and neuroimaging data [J]. Neuropsychologia，2013，51：1040-1049.

⑨ BOTVINICK，BRAVER，BARCH，et al. Conflict monitoring and cognitive control [J]. Psychol Rev，2001，108（3）：624-652.

⑩ BLAIS C，ROBIDOUX S，RISKO E F，et al. Item-specific adaptation and the conflict-monitoring hypothesis：a computational model [J]. Psychol Rev，2007，114（4）：1076-1086.

⑪ BLAIS C，VERGUTS T. Increasing set size breaks down sequential congruency：evidence for an associative locus of cognitive control [J]. Acta Psychol（Amst），2012，141（2）：133-139.

性[①]和检测错误反应。在察觉控制需要之后的控制加工往往由另一个脑区来实施，例如，背外侧前额叶[②③]。在当前研究中，被试增强了空间 S–R 联结的强度并用这种联结去预期反应。因此，研究者可以预期，当正确的反应与基于习得的 S–R 联结预期的反应不同时，前中扣带回和背外侧前额叶的活动增加，而当前研究的数据恰恰是这种结果。

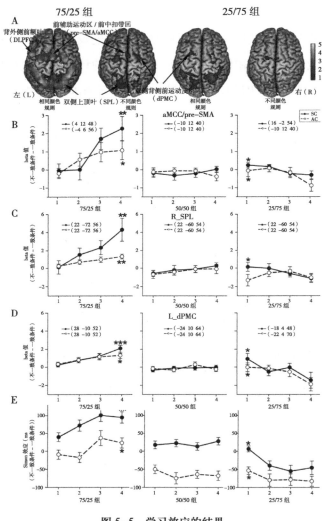

图 5–5　学习效应的结果
（图片来源：作者绘制）

① BROWN J W, BRAVER T S. Learned predictions of error likelihood in the anterior cingulate cortex [J]. Science, 2005, 307（5712）: 1118–1121.
② GEHRING W, COLES M, MEYER D, et al. The error–related negativity : an event–related brain potential accompanying errors [J]. Psychophysiology, 1990, 27（4）: S34.
③ MACDONALD A W, COHEN J D, STENGER V A, et al. Dissociating the role of the dorsolateral prefrontal and anterior cingulate cortex in cognitive control [J]. Science, 2000, 288（5472）: 1835–1838.

第6章

比例一致效应迁移的认知机制研究

6.1　比例一致效应的迁移

实验 1 和实验 2 证实了比例一致效应由可能性学习占主导地位的，并且基于习得的刺激—反应联结预期的反应与任务要求的反应之间的冲突是认知控制系统监控的主要冲突，也即习得的刺激—反应联结调节了认知控制系统的实施。为了进一步探讨这一主题，在实验 3 和实验 4 中，研究分别通过行为实验和 fMRI 实验去检验，在比例偏置任务中习得的刺激—反应联结是否可以迁移到比例未偏置的任务中，并调节认知控制的实施。

6.2　行为学的方法与设计

6.2.1　研究目的

先前研究证实了习得的刺激—反应联结调节了认知控制系统的实施。由此产生一个问题，即这种习得的刺激—反应联结是依赖于情境暂时地调节认知控制，还是可以在不同的情境间迁移，一般性地调节认知控制？先前研究已经探讨了比例一致效应迁移的问题，并得出了一些混合的结果已经有一些研究检验了这种迁移效应，并获得了混合的结果 [1~4]。

有研究者认为 LWPC 的认知控制完全可以由可能性学习假说来解释，Bugg 等人采用 Stroop 任务的范式，分别设置两对刺激为比例偏置或未偏置的条件，形成了列表水平上的 50% 的一致和 50% 的不一致，结果发现在未偏置的项目上没有得到 LWPC 效应 [2]，从而质疑了认知控制在比例一致效应迁移中的作用。但随后，Bugg 和 Chanani [5] 采用图—词 Stroop 范式，并将比例偏置的项目由先前研究中的 2 个增加到 4 个，从而减小可能性学习的有用性，结果显示，在两个未

① BUGG J M，JACOBY L L，TOTH J P. Multiple levels of control in the Stroop task [J]. Memory & Cognition（pre-2011），2008，36（8）：1484-1494.

② BLAIS C，BUNGE S. Behavioral and neural evidence for item-specific performance monitoring [J]. Journal of Cognitive Neuroscience，2010，22（12）：2758-2767.

③ BUGG J M，CHANANI S. List-wide control is not entirely elusive：evidence from picture-word Stroop [J]. Psychon Bull Rev，2011，18（5）：930-936.

④ BUGG J M，CRUMP M J. In support of a distinction between voluntary and stimulus-driven control：a review of the literature on proportion congruent effects [J]. Frontiers in psychology，2012，3.

⑤ BUGG J M，CHANANI S. List-wide control is not entirely elusive：evidence from picture-word Stroop [J]. Psychon Bull Rev，2011，18（5）：930-936.

偏置的项目上得到了 LWPC 效应，这与认知控制的解释相一致。

此外，为了分离比例一致效应在迁移中受到冲突适应效应迁移的影响，Funes 等人[1] 采用结合—冲突范式（包含 Simon 和空间 Stroop 任务），操纵一种冲突（Simon）的不一致试次的比例，而不改变另一种冲突（空间 Stroop）中的比例一致性。结果发现，比例一致效应从 Simon 任务中迁移到了 Stroop 任务，而顺序效应没有迁移，只在冲突类型重复的条件下发现顺序效应，而在冲突类型转换的条件下没有发现顺序效应。这个研究实现了比例一致效应与顺序效应的分离，有力地否定了比例一致效应的迁移可以由顺序效应解释的假设。Wühr，Duthoo 和 Notebaert[2] 进一步操纵三个实验证实了这一结论，并且证实了自上而下的认知控制机制主要是通过增强对刺激相关维度的信息加工来实现的，同时，在他们的研究中，比例偏置与未偏置项目分别采用不同的刺激材料，这使得比例一致效应的迁移难以用可能性学习假说来解释，因为后者假说可能性的建立要依赖于多数试次中的刺激无关维度与反应间的相关。

Schmidt[3] 提议用时间学习偏差（temporal learning biases）来解释列表—水平的比例一致效应，即在更容易的任务中（例如，多数一致的条件）增大的比例一致效应归因于任务中更快的反应节奏。他们采用比例一致效应两个非冲突的类似物，一个进行对比操纵，一个进行可能性操纵，两个实验都通过混合偏置情境和未偏置的迁移项目来控制潜在的项目—特异性暂时学习偏置。结果发现在两种项目类型上都显示出一个类似比例一致效应的交互作用，支持了任务范围内暂时学习的观念作为列表—水平比例一致效应的解释。随后的分布式分析也证实了这一解释。

然而，先前研究中多采用 Stroop 任务，正如前言所述，这一任务难以在比例一致的操纵中出现反转的现象，对可能性学习或联结学习的解释存在低估的可能性。而当前研究在实验 1 和 2 中采用 Hedge 和 Marsh 任务，发现了稳定的反转的冲突效应，证实了可能性学习或联结学习在比例一致效应中的主导作用，

① FUNES M J，LUPI á ñEZ J，HUMPHREYS G. Sustained vs. transient cognitive control：Evidence of a behavioral dissociation [J]. Cognition，2010，114（3）：338-347.
② WUHR P，DUTHOO W，NOTEBAERT W. Generalizing attentional control across dimensions and tasks：Evidence from transfer of proportion-congruent effects [J]. Q J Exp Psychol（Hove），2014，1-23.
③ SCHMIDT J R. List-level transfer effects in temporal learning：Further complications for the list-level proportion congruent effect [J]. Journal of Cognitive Psychology，2014，26（4）：373-385.

因此，在实验 3 中，研究者分别通过行为实验去检验在比例偏置任务中习得的刺激—反应联结是否可以迁移到比例未偏置的任务中，并调节认知控制的实施。

6.2.2   研究方法

这个研究通过采用公开招募的方式，邀请 80 名华南师范大学的学生（年龄 21.2 ± 1.9 岁，62 名女性）参加本实验。所有被试经爱丁堡利手问卷[92]确定为右利手，并且视力或矫正视力正常。所有被试随机分成五组，每组 16 人。所有被试事先不了解实验目的，实验前签订知情同意书，并在实验后获得一定的报酬。研究中采用的实验设备和刺激材料与实验 1 相同。

为了研究目的，研究者根据任务规则与一致与不一致试次的比例，划分为五种实验条件：75/25–50/50，25/75–50/50，50/50–50/50，50/50–75/25 和 50/50–25/75（其中 "–" 之前表示相同颜色规则条件下，一致试次与不一致试次的比例，而 "–" 之后表示不同颜色规则条件下，一致试次与不一致试次的比例，其中 50/50–50/50 组被试数据为实验 1 中 50/50 组的数据），所有被试随机分配完成一种实验条件。实验的程序与实验 1 相同。

6.3   实验研究的结果

研究者首先从正确的反应数据中剔除极端值，极端值为每种条件下平均数的三个标准差之外的数据。之后，研究者对反应时（RT）和错误率（PE）各操纵一个 5 × 2 × 2 的混合设计方差分析（ANOVA），其中被试间因素为组别（根据一致与不一致试次的比例划分为 5 水平：5/25–50/50，25/75–50/50，50/50–50/50，50/50–75/25，50/50–25/75），被试内因素为刺激—反应颜色规则（2 水平：相同颜色规则，不同颜色规则）和空间相容性（2 水平：一致，不一致）。如图 6–1A 所示，反应时的方差分析显示刺激—反应颜色规则具有显著的主效应，$F(1,75) = 472.81, p < .001, \eta_p^2 = .863$，表明相同颜色规则条件下反应时（505ms）快于不同颜色规则条件（601ms）。空间一致性的主效应也是显著的，$F(1,75) = 10.40, p = .002, \eta_p^2 = .122$。组别的主效应是不显著的，$F(4, 75) = 0.75, p = .565, \eta_p^2 = .038$。组别 × 刺激—反应颜色规则 × 空间一致性的三重交互作用是显著的，$F(4, 75) = 11.97, p < .001, \eta_p^2 = .390$，表明 Simon 效应同时随

着组别和刺激—反应颜色规则变化。为了详细检验 Simon 效应，我们分别比较了在相同与不同颜色规则每组被试在（不一致 – 一致）条件下的反应时差异。如图 6-1C 所示，对于 50/50–50/50 组，我们在相同颜色规则条件下得到正的 Simon 效应（25ms），在不同颜色规则条件下，得到反转的 Simon 效应（–39ms），这一结果与先前研究中 Hedge 和 Marsh 任务的经典发现相一致 [1-5]。在 75/25–50/50 组中，当一致试次的比例变大时，相同颜色规则条件下的 Simon 效应增大（65ms），但不同颜色规则下的反转 Simon 效应（–55ms）与基线条件没有显著差异，因为这一任务情境中一致与不一致试次的比例是相同的。相似地，在 50/50–75/25 组，相同颜色规则条件下得到正的 Simon 效应（32ms），而在不同颜色规则条件下，反转的 Simon 效应显著减小（–2ms）。然而，75/25–50/50 组和 50/50–75/25 组中，不同颜色规则下的 Simon 效应显著小于相同颜色规则条件，$F(1，15)=73.12$，$p< .001$，$\eta_p^2 = .830$ 和 $F(1，15)=7.47$，$p = .015$，$\eta_p^2 = .332$，表明了刺激—反应颜色规则与空间一致性的交互作用依然影响着行为表现。与之相对，当一致试次的比例小于 50% 时，在 25/75–50/50 组，相同颜色规则条件下正的 Simon 效应产生了反转（不一致试次比一致试次快了 18ms），不同颜色规则条件下，反转 Simon 效应（–32ms）被发现。在 50/50–25/75 组，相同颜色规则下正的 Simom 效应（12ms）减小，而不同颜色规则下反转 Simon 效应（–85ms）增大。在 25/75–50/50 组，相同与不同颜色规则下的反转 Simon 效应差异不显著，$F(1，15)=1.35$，$p = .263$，$\eta_p^2 = .083$，但在 50/50–25/75 组，相同与不同颜色规则下的反转 Simon 效应差异显著，$F(1，15)=47.30$，$p< .001$，$\eta_p^2 = .759$。这再次表明了刺激—反应颜色规则与空间一致性的交互作用影响着行为表现。此外，研究者也比较了在两种颜色规则下，不同组别间的空间一致性。在相同颜

① SIMON, SLY P E, VILAPAKKAM S. Effect of compatibility of SR mapping on reactions toward the stimulus source [J]. Acta Psychologica, 1981, 47（1）: 63–81.

② DE JONG, LIANG C C, LAUBER E. Conditional and unconditional automaticity : a dual–process model of effects of spatial stimulus–response correspondence [J]. Journal of Experimental Psychology : Human Perception and Performance, 1994, 20（4）: 731–750.

③ LU C–H, PROCTOR R W. Processing of an irrelevant location dimension as a function of the relevant stimulus dimension [J]. Journal of Experimental Psychology : Human Perception and Performance, 1994, 20（2）: 286–298.

④ PROCTOR R W, PICK D F. Display–control arrangement correspondence and logical recoding in the Hedge and Marsh reversal of the Simon effect [J]. Acta Psychologica, 2003, 112（3）: 259–278.

⑤ WUHR P, BIEBL R. Logical recoding of S–R rules can reverse the effects of spatial S–R correspondence [J]. Attention Perception & Psychophysics, 2009, 71（2）: 248–257.

色规则下，75/25–50/50 的 Simom 效应是显著大于 50/50–50/50 组，$t(30) = 3.26$，$p = .003$，$d = 1.190$；而 25/75–50/50 组的 Simom 效应显著小于 50/50–50/50 组，$t(30) = -4.43$，$p < .001$，$d = -1.618$。同时，50/50–75/25 组的 Simon 效应也显著大于 50/50–25/75 组，$t(30) = 2.05$，$p = .049$，$d = 0.749$。在不同颜色规则下，50/50–75/25 组的反转 Simon 效应是显著小于 50/50–50/50 组，$t(30) = 2.76$，$p = .010$，$d = 1.007$；而 50/50–25/75 组的反转 Simon 效应是边缘显著地大于 50/50–50/50 组，$t(30) = -1.93$，$p = .063$，$d = -0.706$。75/25–50/50 和 25/75–50/50 组的反转 Simon 效应的差异也是边缘显著的，$t(30) = -1.71$，$p = .097$，$d = -0.626$。组别与刺激—反应颜色规则间的交互作用不显著，$F(4, 75) = 0.57$，$p = .686$，$\eta_p^2 = .029$，表明相同与不同颜色规则间的差异在各组间是相似的。

1. 迁移效应

研究者检验比例一致效应的迁移是否发生。在相同颜色规则下，研究者发现 50/50–75/25 组与 50/50–25/75 组的正的 Simon 效应间的差异，$F(1, 30) = 4.20$，$p = .049$，$\eta_p^2 = .123$。在不同颜色规则下，75/25–50/50 组和 25/75–50/50 组的反转 Simon 效应间的差异只达到边缘显著，$F(1, 30) = 2.94$，$p = .097$，$\eta_p^2 = .089$。由此可以看出，比例一致效应的迁移受任务情境的影响，在不同颜色规则下的比

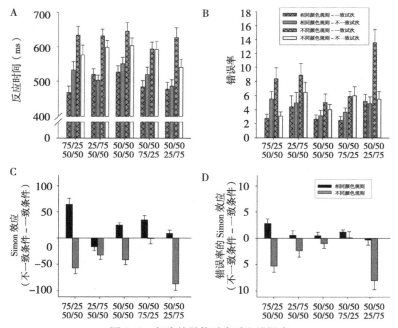

图 6-1　行为结果的反应时和错误率
（图片来源：作者绘制）

例一致效应可以迁移到相同颜色规则下，而相同颜色规则下的比例一致效应难以迁移到不同颜色规则下。

从错误率上看，如图 6-1B 所示，刺激—反应颜色规则存在显著的主效应，$F_{(1, 75)} = 32.53$，$p < .001$，$\eta_p^2 = .303$，相同颜色规则下（4.0%）错误率小于不同颜色规则条件（6.7%）；组别的主效应也是显著的，$F_{(4, 75)} = 2.70$，$p = .037$，$\eta_p^2 = .126$，各组的错误率分别是 4.9%、4.5%、6.2%、7.2% 和 3.7%。组别 × 刺激—反应颜色规则 × 空间一致性的三重交互作用是显著的，$F_{(4, 75)} = 6.05$，$p < .001$，$\eta_p^2 = .244$，而且组别 × 空间一致性的交互作用也是显著的，$F_{(4, 75)} = 5.24$，$p = .001$，$\eta_p^2 = .218$，结果显示在 75/25-50/50 组，相同颜色规则下，不一致条件（5.5%）的错误率高于一致条件（2.8%），而在 50/50-25/75 组，不同颜色规则下，不一致条件（5.5%）的错误率低于一致条件（13.5%）。颜色规则与空间一致性的交互作用也是显著的，$F_{(4, 75)} = 48.08$，$p < .001$，$\eta_p^2 = .391$，显示在相同颜色规则下，不一致试次（4.5%）的错误率高于一致试次（3.5%），在不同颜色规则下，不一致试次（5.0%）的错误率低于一致试次（8.4%）。组别与刺激—反应颜色规则的交互作用是不显著的，$F_{(4, 75)} = 1.26$，$p = .295$，$\eta_p^2 = .063$，表明了相同与不同颜色规则间的差异在各组之间没有不同。我们也详细计算了错误率上的 Simon 效应，结果呈现与反应时相似的模式，如图 6-1D。

2. 重复效应

比例一致性的操纵导致了每种试次类型上试次总数的不平衡，因此，对于任务中占多数的试次类型，试次类型重复的可能性也随之增大。在当前研究中，在组被试中，一致试次与不一致试次的刺激重复率分别为 0.13 和 0.07（75/25-50/50），0.14 和 0.09（50/50-75/25），0.10 和 0.10（50/50-50/50），0.08 和 0.13（25/75-50/50），0.07 和 0.13（50/50-25/75）。为了排除刺激和反应的重复效应，研究者对没有刺激或反应重复的试次分别进行方差分析。刺激重复被定义为整个视觉显示的重复，包括目标和反应标识。从反应时上看，一个组别、刺激—反应颜色规则、空间一致性的混合方差分析显示，刺激—反应颜色规则具有主效应，$F_{(1, 75)} = 460.85$，$p < .001$，$\eta_p^2 = .860$，空间一致性具有显著的主效应，$F_{(1, 75)} = 10.29$，$p = .002$，$\eta_p^2 = .121$。组别的主效应是不显著的，$F_{(4, 75)} = 0.73$，$p = .576$，$\eta_p^2 = .037$。组别 × 刺激—反应颜色规则 × 空间一致性

的三重交互作用是显著的，F（4，75）= 8.98，$p < .001$，$\eta_p^2 = .324$。在 75/25–50/50 组，相同颜色规则下得到一个增大的 Simon 效应（60ms），不同颜色规则下得到反转的 Simon 效应（–56ms）；在 50/50–75/25 组，相同颜色规则下得到正的 Simon 效应（33ms），不同颜色规则下发现一个减小的反转 Simon 效应（–8ms）；在 50/50–50/50 组，相同颜色规则下得到正的 Simon 效应（27ms），不同颜色规则下得到反转的 Simon 效应（–39ms）；然而，在 25/75–50/50 组，相同（–12ms）与不同颜色（–33ms）规则下均得到反转的 Simon 效应；在 50/50–25/75 组，相同颜色规则下 Simon 效应减小（13ms），不同颜色规则下，反转 Simon 效应增大（–81 ms）。组别与刺激反应颜色规则的交互作用不显著，F（4，75）= 0.68，$p = .611$，$\eta_p^2 = .035$。

在五组被试中，一致与不一致试次的平均反应重复率分别是 0.48 和 0.49（75/25–50/50），0.49 和 0.48（50/50–75/25），0.47 和 0.49（50/50–50/50），0.49 和 0.48（25/75–50/50），0.47 和 0.49（50/50–25/75）。对于没有反应重复的试次来说，从反应时上看，一个混合设计的方差分析显示了刺激—反应颜色规则具有显著的主效应，F（1，75）= 460.06，$p < .001$，$\eta_p^2 = .860$，空间一致性具有显著的主效应，F（1，75）= 11.05，$p = .001$，$\eta_p^2 = .128$。组别的主效应是不显著的，F（4，75）= 0.71，$p = .585$，$\eta_p^2 = .037$。组别 × 刺激—反应颜色规则 × 空间一致性的三重交互作用是显著的，F（4，75）= 10.42，$p < .001$，$\eta_p^2 = .357$。在 75/25–50/50 组，相同颜色规则下得到一个增大的 Simon 效应（66ms），不同颜色规则下得到反转的 Simon 效应（–54ms）；在 50/50–75/25 组，相同颜色规则下得到正的 Simon 效应（20ms），不同颜色规则下发现一个减小的反转 Simon 效应（–15ms）；在 50/50–50/50 组，相同颜色规则下得到正的 Simon 效应（21ms），不同颜色规则下得到反转的 Simon 效应（–41ms）；然而，在 25/75–50/50 组，相同（–16ms）与不同颜色（–31ms）规则下均得到反转的 Simon 效应；在 50/50–25/75 组，相同颜色规则下得到正的 Simon 效应（19ms），不同颜色规则下，反转 Simon 效应增大（–80ms）。组别与刺激反应颜色规则的交互作用不显著，F（4，75）= 0.71，$p = .591$，$\eta_p^2 = .036$。

研究者也分析了具有反应重复的试次。从反应时上看，混合设计的方差分析发现刺激—反应颜色规则具有显著的主效应，F（1，75）= 376.20，$p < .001$，$\eta_p^2 = .834$，空间一致性具有显著的主效应，F（1，75）= 4.80，$p = .032$，

$\eta_p^2 = .060$。组别的主效应是不显著的，$F_{(4, 75)} = 0.77$，$p = .548$，$\eta_p^2 = .039$。组别 × 刺激—反应颜色规则 × 空间一致性的三重交互作用是显著的，$F_{(4, 75)} = 9.20$，$p < .001$，$\eta_p^2 = .329$。在 75/25–50/50 组，相同颜色规则下得到一个增大的 Simon 效应（64ms），不同颜色规则下得到反转的 Simon 效应（–55ms）；在 50/50–75/25 组，相同颜色规则下得到正的 Simon 效应（42ms），不同颜色规则下反转 Simon 效应被反转（12ms）；在 50/50–50/50 组，相同颜色规则下得到正的 Simon 效应（28ms），不同颜色规则下得到反转的 Simon 效应（–38ms）；然而，在 25/75–50/50 组，相同（–18ms）与不同颜色（–38ms）规则下均得到反转的 Simon 效应；在 50/50–25/75 组，相同颜色规则下得到正的 Simon 效应（5ms），不同颜色规则下，反转 Simon 效应增大（–89ms）。组别与刺激反应颜色规则的交互作用不显著，$F_{(4, 75)} = 0.38$，$p = .824$，$\eta_p^2 = .020$。

总之，这些结果排除了刺激或反应重复的影响，显示出与先前结果相一致的模式。因此，用重复效应来解释当前研究中受调节的冲突效应是不合适的。

6.4　研究结果的解读

当前研究的结果显示了比例一致效应与任务规则的交互作用中，比例一致效应依然起到主导作用，这与实验 1 和 2 的结果相一致，再次证实了 Hedge 和 Marsh 任务中，比例一致效应操纵的有效性。更重要的是，当前研究发现了比例一致效应在不同规则间的迁移效应。与先前研究不同，本研究中的比例一致效应，在不同规则间的迁移效应并不是有或无的存在，而是受到了任务情境的影响。结果显示，在不同颜色规则条件下得到的比例一致效应可以迁移到相同颜色规则下，而在相同颜色规则下得到的比例一致效应却未能迁移到不同颜色规则下。

先前研究中，采用 Stroop 任务也发现了比例一致效应的迁移，并且证实了比例一致效应的迁移是与顺序效应的迁移相分离的[1][2]。这与本研究的结果相一致，在结果分析中，我们分析了重复效应，证实了比例一致效应不是由刺激或反应重复效应所造成的。研究者往往采用认知控制的理论来解释比例一

① FUNES M J, LUPIáñEZ J, HUMPHREYS G. Sustained vs. transient cognitive control : Evidence of a behavioral dissociation [J]. Cognition, 2010, 114 (3): 338–347.
② WUHR P, DUTHOO W, NOTEBAERT W. Generalizing attentional control across dimensions and tasks : Evidence from transfer of proportion–congruent effects [J]. Q J Exp Psychol (Hove), 2014, 1–23.

致效应的迁移。因为可能性学习假设认为比例一致效应主要是由于被试习得了刺激无关维度与反应间的可能性并以此预期正确的反应造成的，这就要求迁移效应的发生必须基于无关维度可以预期反应的前提，而先前一些研究采用在比例偏置和未偏置的项目上设计不同的刺激无关维度，使被试在未偏置项目上不能利用刺激无关维度的可能性信息来预期反应，根据可能性学习假说的解释，可能性学习是基于刺激无关维度与反应间的相关产生的，当比例偏置和未偏置的项目上采用不同的刺激无关维度时，被试难以利用习得的刺激无关维度与反应间的可能性关系去预期反应，所以这种情况下不能出现比例一致迁移的迁移，但实验结果与可能性学习假说的预期相反，从而支持了认知控制设置迁移的解释，因为认知控制的实施往往是在刺激相关维度上实现的[②]。此外，CSPC 效应的出现，也质疑了可能性学习在迁移效应中的解释力，Crump et al.[①] 采用类似 Stroop 任务，在上和下位置设置了情境因素，诱发了比例一致效应，也就是在这个位置上呈现多数不一致试次，引发了对词汇注意的减少。相似地，Bugg 等人[②] 用两种字号呈现颜色—词 Stroop 刺激，其中一种字号下，词汇为多数一致条件，而另一种字号下，词汇为多数不一致条件，出现了在多数一致字号条件下一致性效应更大的结果。这似乎也都证实了被试能够基于情境线索（像字号或位置）动态地（在试次—到—试次的基础上）调节对分心词的注意，因为在这些试次中，词汇是一样的，被试不可能通过词汇与反应的相关来预测正确的反应。因此，有研究者[③] 提出了时间学习来解释 CSPC 效应中的迁移作用。当学习对一个刺激采用何种反应时，被试还能习得反应的时程[④]，根据时间学习解释，被试可以基于任务的节奏习得和反应的信息，这种时间信息能够影响随后的行为。例如，在混合任务中，一个任务的反应速度可以影响第二任务的反应速度。而且，这种影响不是项目—特异性的：在一些项目上的操作能影响其他项目的操作。对于时间学习，有

① CRUMP M J C, GONG Z, MILLIKEN B. The context-specific proportion congruent Stroop effect: Location as a contextual cue [J]. Psychonomic Bulletin & Review (pre-2011), 2006, 13 (2): 316-321.

② UGG J M, JACOBY L L, TOTH J P. Multiple levels of control in the Stroop task [J]. Memory & Cognition (pre-2011), 2008, 36 (8): 1484-1494.

③ SCHMIDT J R, LEMERCIER C, DE HOUWER J. Context-specific temporal learning with non-conflict stimuli: proof-of-principle for a learning account of context-specific proportion congruent effects [J]. Front Psychol, 2014, 5: 1241.

④ TAATGEN N, VAN RIJN H. Traces of times past: representations of temporal intervals in memory [J]. Memory & cognition, 2011, 39 (8): 1546-1560.

多种可能的解释机制，其中大多数可以解释 PC 效应的成分，例如，Schmidt[①]
认为被试能够基于先前试次发展出他们将会在何时反应的预期，当在预期的
时间点，一个反应可以充分激活，会引起快速反应的产生。在多数一致条件
下，对反应的预期时间相对发生在试次的早期，因为一致性试次占据优势地位。
随后的一致性试次将因此从这种时间预期中受益，因为在预期时间点上，一
个反应很可能已经被充分激活了，这会允许一个比通常更快的反应产生（例如，
因为在预期时间上，反应门槛暂时的下降了）。与之相对，不一致试次将不能
受益，因为在预期时间点上，还不足以充分激活一个正确的反应，也就意味
着不得不继续累积证据，而预期时间窗将被错过。在多数不一致条件下，对
反应的预期时间将相对地发生在试次的后期，因为不一致试次占据优势地位。
随后不一致试次将因此从时间预期中受益，因为在预期时间点上，支持正确
反应的证据是足够强的。与之相对，一致试次不能受益，因为一个反应将在
预期时间点之前已经做出反应，因为错过了匹配先前试次而产生的促进作用。
因此，产生一个相对小的一致性效应[②]。

　　而在当前研究中，研究者在两种任务规则（相同颜色规则与不同颜色规则）
间设置比例偏置与未偏置情境，刺激与反应是完全相同的，因此，被试在比例
偏置情境中习得的刺激无关维度的可能性信息是可以在两种任务情境间进行迁
移的。

　　当前研究中采用的 Hedge 和 Marsh 任务包含着两种刺激—反应相容性效应，
一种是由刺激的无关维度引起的，即刺激与反应的空间位置上存在着一致与不
一致的区分，另一种是由任务规则引起的，相同颜色规则为一致的条件，而不
同颜色规则为不一致的条件，这两种刺激—反应相容性效应存在交互作用，因
此，产生了正的和反转的 Simon 效应。在不同颜色规则下，由于存在两种刺激—
反应相容性的冲突，所以需要更多的认知资源去加工相关信息，这可以由更长
的反应时看出来。因此，当前研究中比例—致效应迁移的情境差异性，可能与
这种认知加工的不同有关。

① SCHMIDT J R. Temporal learning and list–level proportion congruency : conflict adaptation or learning when to respond? [J]. PloS one, 2013, 8（11）: e82320.
② SCHMIDT J R, LEMERCIER C, DE HOUWER J. Context–specific temporal learning with non–conflict stimuli : proof–of–principle for a learning account of context–specific proportion congruent effects [J]. Front Psychol, 2014, 5 : 1241.

　　有研究者认为可能性学习假说是对比例一致效应的更简约的解释，即不需要更多的认知资源去实施控制，而是基于刺激—反应间的可能性成无意识地形成的策略来引导反应[①]，其他研究中也发现了，在 2 个刺激项目的任务中，被试很容易习得刺激—反应间的可能性关系，而当刺激项目的数量增大到 4 个时，可能性关系变得难以利用，被试往往会利用认知控制调节在不同维度间的注意，从而更有效地完成任务[②]。这也从一定程度上说明了，可能性学习作为一种简单有效的策略，受到当前任务的难度的影响。在相同颜色规则下，只存在一种冲突效应，即空间一致性的冲突，任务相对简单，刺激—反应间的可能性关系很容易习得，但在不同颜色规则下，存在两种冲突效应，即空间一致性的冲突与刺激—反应映射的冲突，任务比前者难度更大，所以在相同颜色规则下习得的刺激—反应联结难以迁移到后者中，但在后者中习得的刺激—反应联结可以迁移到前一种规则情境中。

---

① SCHMIDT J R，BESNER D. The Stroop effect：Why proportion congruent has nothing to do with congruency and everything to do with contingency [J]. Journal of Experimental Psychology–Learning Memory and Cognition，2008，34（3）：514–523.

② BUGG J M，CRUMP M J. In support of a distinction between voluntary and stimulus–driven control：a review of the literature on proportion congruent effects [J]. Frontiers in psychology，2012，3.

第 7 章

比例一致效应迁移的神经机制研究

7.1　比例一致效应迁移中的神经机制

在认知控制与可能性学习的争议中，众多研究采用了比例一致效应迁移测试的范式来探讨这一问题。研究中重点探讨了以下问题：第一，比例一致效应的迁移是由认知控制设置引发的，还是可能性学习形成的刺激—反应联结造成的。由于可能性学习假设认为的刺激无关维度—反应之间的联结是比例一致效应的主要原因，在比例偏置与未偏置的项目中采用不同的刺激无关维度，便可以排除可能性学习的解释，因此，一些研究采用这种范式证实了迁移中认知控制起到主要作用。同时，由于项目—特异性控制的实施也需要基于单个项目无关维度来实现，所以这些研究也排除了项目—特异性控制在比例一致效应迁移中的作用，强调了整体水平上的认知控制是比例一致效应迁移的主要原因[①]。但是，研究者在设计中排除了可能性学习的作用，也就难以探讨可能性学习在比例一致效应迁移中是否可能存在的贡献。第二，比例一致效应的迁移是由于刺激无关维度上的认知控制造成的，还是由于刺激相关维度上的认知控制引发的。虽然注意调节理论强调比例一致效应是由于认知控制在刺激无关和相关维度间调节注意的权重来实现的，但对于认知控制主要作用于刺激无关维度，还是相关维度，或者是同时作用于这两个维度还存在着争议。第三，比例一致效应中，高一致或高不一致条件下都存在着同一种试次大量重复的情况，因此，比例一致效应的迁移中应当排除顺序效应迁移的作用。这也引起了大量研究者的关注，通过一些巧妙的设计，分离了比例一致效应与顺序效应的迁移，认为两种效应的迁移来自两种不同的认知机制。

7.2　比例一致效应迁移的神经学研究方案

7.2.1　研究目的

在比例一致效应迁移的研究中，大多研究都采用了行为实验来探讨这一认

---

① WUHR P，DUTHOO W，NOTEBAERT W. Generalizing attentional control across dimensions and tasks：Evidence from transfer of proportion-congruent effects [J]. Q J Exp Psychol（Hove），2014，1–23.

知过程，同时也主要是以 Stroop 任务为主 [①~④] 在当前研究中，我们采用 fMRI 技术来探讨这一问题，检验比例一致效应迁移的神经基础。在实验中，我们依然采用 Hedge 和 Marsh 任务，在这一任务中，我们设置相同或不同规则为比例偏置或比例未偏置的情境，使刺激和反应在两种情境中完全相同，这样可以全面探讨认知控制和可能性学习在比例一致效应迁移中的作用，而 Hedge 和 Marsh 任务的采用使得冲突效应（Simon 效应）的反转成为可能，从而避免在 Stroop 效应中由于词汇阅读与颜色命名的强不平衡性而低估了可能性学习的作用。

在实验 3 中，行为结果表明了 Hedge 和 Marsh 任务中，比例一致效应的迁移受到任务情境的影响，不同规则条件下的比例一致效应可以迁移相同规则条件下，而相同规则条件下的比例一致效应难以迁移到不同规则条件下。这提示研究者在两种颜色规则下，比例一致效应的产生可能存在着差异，通过 fMRI 研究来进一步验证并确定这种差异也是当前研究的目标之一。

7.2.2　研究方法

同样采用公开招募的方式，邀请 80 名神经与精神状态健康的志愿者（年龄：22.9 ± 1.9 岁，42 名女性）参与了本实验。根据爱丁堡利手调查问卷，所有被试均为右利手，且视力或矫正视力正常。被试事先不了解实验的目的。所有被试随机分成 5 组，每组被试 16 人。所有被试均签订书面知情同意书，并在实验后获得一定的报酬。本研究经过华南师范大学心理学院伦理委员会的批准。当前研究的实验设备和刺激与实验 2 相同。

当前研究的实验程序与实验 3 的程序相似，不同之处在于，每组被试除了完成 384 次实验试次外，还需要完成 128 个空试次。空试次与实验试次随机混合，作为刺激间的抖动设计以增加实验设计的有效性。在空试次中，只呈现 1600ms 的 "+" 注视点，之后跟随 900ms 的黑屏。

---

① BUGG J M, JACOBY L L, TOTH J P. Multiple levels of control in the Stroop task [J]. Memory & Cognition（pre-2011），2008，36（8）：1484-1494.

② BLAIS C, BUNGE S. Behavioral and neural evidence for item-specific performance monitoring [J]. Journal of Cognitive Neuroscience，2010，22（12）：2758-2767.

③ BUGG J M, CHANANI S. List-wide control is not entirely elusive：evidence from picture-word Stroop [J]. Psychon Bull Rev，2011，18（5）：930-936.

④ BUGG J M, CRUMP M J. In support of a distinction between voluntary and stimulus-driven control：a review of the literature on proportion congruent effects [J]. Frontiers in psychology，2012，3.

当前研究的实验数据的获得方法与实验 2 相同。实验数据的处理方法与实验 2 相同，不同之处在于，第二阶段统计分析的第二水平的随机效应分析中，被试间因素包括"组别"（一致与不一致试次的比例，5 水平：75/25–50/50，25/75–50/50，50/50–50/50，50/50–75/25，50/50–25/75，注：其中 50/50–50/50 组的数据是采用实验 2 中 50/50 组的数据）。

7.2.3　研究结果

1. 行为结果

研究者首先从正确反应中剔除极端值，剔除标准为每种条件下平均数的三个标准差之外数据。随后，研究者分别对反应时和错误率操纵一个 $5 \times 2 \times 2$ 的混合设计方差分析，其中被试间因素为组别（一致试次与不一致试次的比例，5 水平：75/25–50/50，50/50–75/25，25/75–50/50，50/50–25/75，50/50–50/50），被试内因素为刺激—反应颜色规则（2 水平：相同颜色规则，不同颜色规则）和空间一致性（2 水平：一致，不一致）。如图 7-1A 显示，反应时的方差分析揭示了刺激—反应颜色规则具有显著的主效应，$F(1, 75) = 496.13$，$p < .001$，$\eta_p^2 = .869$，表明相同颜色规则条件下反应时（506ms）快于不同颜色规则条件（594ms）。空间一致性的主效应也是显著的，$F(1, 75) = 12.68$，$p = .001$，$\eta_p^2 = .145$，而组别的主效应是不显著的，$F(4, 75) = 0.96$，$p = .433$，$\eta_p^2 = .049$。组别 × 刺激—反应颜色规则 × 空间一致性的三重交互作用是显著的，$F(4, 75) = 5.15$，$p = .001$，$\eta_p^2 = .215$，表明 Simon 效应的变化同时受到组别和刺激—反应规则的调节。为了详细检验 Simon 效应，我们分别在五组被试中，比较在相同与不同颜色规则条件下，不一致试次与一致试次的反应时差异。如图 7-1C 所示，对于 50/50–50/50 组，研究者在相同颜色规则条件下得到正的 Simon 效应（26ms），在不同颜色规则条件下，得到反转的 Simon 效应（–63ms），这一结果与先前研究中 Hedge 和 Marsh 任务的经典发现一致 [1~5]。在 75/25–50/50 组中，当一致

---

[1] SIMON, SLY P E, VILAPAKKAM S. Effect of compatibility of SR mapping on reactions toward the stimulus source [J]. Acta Psychologica, 1981, 47（1）: 63–81.

[2] DE JONG, LIANG C C, LAUBER E. Conditional and unconditional automaticity: a dual–process model of effects of spatial stimulus–response correspondence [J]. Journal of Experimental Psychology: Human Perception and Performance, 1994, 20（4）: 731–750.

[3] LU C–H, PROCTOR R W. Processing of an irrelevant location dimension as a function of the relevant stimulus dimension [J]. Journal of Experimental Psychology: Human Perception and Performance, 1994, 20（2）: 286–298. （转下页）

试次的比例变大时，相同颜色规则条件下的 Simon 效应增大（82ms），但不同颜色规则下的反转 Simon 效应（–39ms）没有受到影响，因为这一任务情境中一致与不一致试次的比例是相同的。相似地，在 50/50–75/25 组，相同颜色规则条件下得到正的 Simon 效应（36ms），而在不同颜色规则条件下，反转的 Simon 效应显著减小并反转（6ms）。然而，75/25–50/50 组和 50/50–75/25 组中，不同颜色规则下的 Simon 效应显著小于相同颜色规则条件，$F(1, 15) = 24.43$，$p< .001$，$\eta_p^2 = .620$ 和 $F(1, 15) = 4.73$，$p= .046$，$\eta_p^2 = .240$，表明了刺激—反应颜色规则与空间一致性的交互作用依然影响着行为表现。与之相对，当一致试次的比例小于 50% 时，在 25/75–50/50 组，相同颜色规则条件下正的 Simon 效应产生了反转（不一致试次比一致试次快了 12ms），不同颜色规则条件下，反转 Simon 效应（–55ms）被发现。在 50/50–25/75 组，相同颜色规则下正的 Simom 效应（5ms）减小，而不同颜色规则下反转 Simon 效应（–8ms）增大。在 25/75–50/50 和 50/50–25/75 组中组，相同与不同颜色规则下的反转 Simon 效应差异显著，$F(1, 15) = 15.37$，$p= .001$，$\eta_p^2 = .506$ 和 $F(1, 15) = 33.76$，$p< .001$，$\eta_p^2 = .692$。这再次表明了刺激—反应颜色规则与空间一致性的交互作用影响着行为表现。此外，我们也比较了在两种颜色规则下，不同组别间的空间一致性。在相同颜色规则下，75/25–50/50 的 Simom 效应是显著大于 50/50–50/50 组，$t(30) =3.14$，$p= .003$，$d = 1.512$；而 25/75–50/50 组的 Simom 效应显著小于 50/50–50/50 组，$t(30) = –3.34$，$p= .002$，$d = –1.219$。同时，50/50–75/25 组的 Simon 效应也显著大于 50/50–25/75 组，$t(30) = 2.89$，$p= .007$，$d = 1.055$。在不同颜色规则下，50/50–75/25 组的反转 Simon 效应是显著小于 50/50–50/50 组，$t(30) = 4.40$，$p< .001$，$d = 1.606$；而 50/50–25/75 组和 50/50–50/50 组的反转 Simon 效应间的差异没有达到显著水平，$t(30) = –1.37$，$p = .182$，$d = –.499$。75/25–50/50 和 25/75–50/50 组的反转 Simon 效应的差异也没有达到显著水平，$t(30) = 1.15$，$p= .260$，$d =.419$。组别与刺激—反应颜色规则间的交互作用不显著，$F(4, 75) =1.39$，$p = .247$，$\eta_p^2 = .069$，表明相同与不同颜色规则间的差异在各组间是相似的。

（接上页）

④ PROCTOR R W, PICK D F. Display-control arrangement correspondence and logical recoding in the Hedge and Marsh reversal of the Simon effect [J]. Acta Psychologica, 2003, 112（3）: 259–278.

⑤ WUHR P, BIEBL R. Logical recoding of S-R rules can reverse the effects of spatial S-R correspondence [J]. Attention Perception & Psychophysics, 2009, 71（2）: 248–257.

从错误率上看，如图 7-1B 所示，刺激—反应颜色规则存在显著的主效应，$F(1, 75) = 17.61$，$p < .001$，$\eta^2 = .190$，相同颜色规则下（4.8%）错误率小于不同颜色规则条件（7.0%）；组别的主效应也是显著的，$F(4, 75) = 0.55$，$p = .697$，$\eta_p^2 = .029$，各组的错误率分别是 6.1%、4.6%、6.3%、6.3% 和 6.1%。组别 × 刺激—反应颜色规则 × 空间一致性的三重交互作用不显著，$F(4, 75) = 1.96$，$p = .110$，$\eta_p^2 = .094$，而组别 × 空间一致性的交互作用是显著的，$F(4, 75) = 6.57$，$p < .001$，$\eta_p^2 = .260$，结果显示在 75/25–50/50 组，相同颜色规则下，不一致条件（8.2%）的错误率高于一致条件（3.7%），而在 25/75–50/50 组，相同颜色规则下，不一致条件（4.5%）的错误率低于一致条件（6.7%）；在 50/50–25/75 组，不同颜色规则下，不一致条件（5.4%）的错误率低于一致条件（11.0%）。颜色规则与空间一致性的交互作用也是显著的，$F(4, 75) = 12.74$，$p = .001$，$\eta_p^2 = .145$，显示在相同颜色规则下，不一致试次（5.2%）的错误率高于一致试次（4.3%），在不同颜色规则下，不一致试次（5.2%）致试次（5.8%）的错误率低于一致试次（8.1%）。组别与刺激—反应颜色规则的交互作用是不显著的，$F(4, 75) = 1.65$，$p = .170$，$\eta_p^2 = .081$，表明了相同与不同颜色规则间的差异在各组之间没有不同。我们也详细计算了错误率上的 Simon 效应，结果呈现与反应时相似的模式，如见图 7-1D。

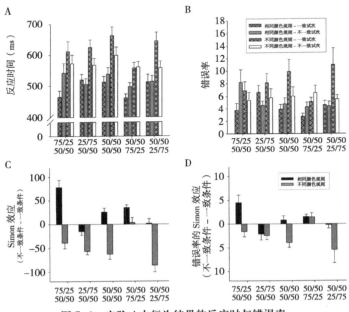

图 7-1　实验 4 中行为结果的反应时与错误率
（图片来源：作者自绘）

（1）迁移效应

研究者检验比例一致效应的迁移是否发生。在相同颜色规则下，我们发现 50/50–75/25 组与 50/50–25/75 组的正的 Simon 效应间的差异，$F(1, 30) = 8.34$，$p = .007$，$\eta_p^2 = .218$。在不同颜色规则下，75/25–50/50 组和 25/75–50/50 组的反转 Simon 效应间的差异不显著，$F(1, 30) = 1.32$，$p = .260$，$\eta_p^2 = .042$。由此可以看出，比例一致效应的迁移受任务情境的影响，在不同颜色规则下的比例一致效应可以迁移到相同颜色规则下，而相同颜色规则下的比例一致效应不能迁移到不同颜色规则下。

（2）重复效应

比例一致性的操纵导致了每种试次类型上试次总数的不平衡，因此，对于任务中占多数的试次类型，试次类型重复的可能性也随之增大。在当前研究中，在组被试中，一致试次与不一致试次的刺激重复率分别为 0.15 和 0.09（75/25–50/50），0.14 和 0.09（50/50–75/25），0.09 和 0.08（50/50–50/50），0.09 和 0.13（25/75–50/50），0.09 和 0.14（50/50–25/75）。为了排除刺激和反应的重复效应，我们对没有刺激或反应重复的试次分别进行方差分析。刺激重复被定义为整个视觉显示的重复，包括目标和反应标识。从反应时上看，一个组别、刺激—反应颜色规则、空间一致性的混合方差分析显示，刺激—反应颜色规则具有主效应，$F(1, 75) = 492.60$，$p < .001$，$\eta_p^2 = .868$，空间一致性具有显著的主效应，$F(1, 75) = 10.48$，$p = .002$，$\eta_p^2 = .123$。组别的主效应是不显著的，$F(4, 75) = 0.92$，$p = .460$，$\eta_p^2 = .047$。组别 × 刺激—反应颜色规则 × 空间一致性的三重交互作用是显著的，$F(4, 75) = 4.66$，$p = .002$，$\eta_p^2 = .199$。在 75/25–50/50 组，相同颜色规则下得到一个增大的 Simon 效应（82ms），不同颜色规则下得到反转的 Simon 效应（–39ms）；在 50/50–75/25 组，相同颜色规则下得到正的 Simon 效应（38ms），不同颜色规则下发现反转 Simon 效应的反转（5ms）；在 50/50–50/50 组，相同颜色规则下得到正的 Simon 效应（25ms），不同颜色规则下得到反转的 Simon 效应（–64ms）；然而，在 25/75–50/50 组，相同（–10ms）与不同颜色（–51ms）规则下均得到反转的 Simon 效应；在 50/50–25/75 组，相同颜色规则下 Simon 效应减小（5ms），不同颜色规则下，反转 Simon 效应增大（–82ms）。组别与刺激反应颜色规则的交互作用不显著，$F(4, 75) = 1.77$，$p = .144$，$\eta_p^2 = .086$。

在五组被试中，一致与不一致试次的平均反应重复率分别是 0.40 和 0.41（75/25–50/50），0.38 和 0.43（50/50–75/25），0.49 和 0.48（50/50–50/50），0.40 和 0.42（25/75–50/50），0.42 和 0.41（50/50–25/75）。对于没有反应重复的试次来说，从反应时上看，一个混合设计的方差分析显示了刺激—反应颜色规则具有显著的主效应，$F(1, 75) = 400.75$，$p < .001$，$\eta^2 = .842$，空间一致性具有显著的主效应，$F(1, 75) = 13.60$，$p < .001$，$\eta_p^2 = .153$。组别的主效应是不显著的，$F(4, 75) = 1.06$，$p = .385$，$\eta_p^2 = .053$。组别 × 刺激—反应颜色规则 × 空间一致性的三重交互作用是显著的，$F(4, 75) = 2.91$，$p = .027$，$\eta_p^2 = .135$。在 75/25–50/50 组，相同颜色规则下得到一个增大的 Simon 效应（75ms），不同颜色规则下得到反转的 Simon 效应（–43ms）；在 50/50–75/25 组，相同颜色规则下得到正的 Simon 效应（35ms），不同颜色规则下发现一个减小的反转 Simon 效应（–7ms）；在 50/50–50/50 组，相同颜色规则下得到正的 Simon 效应（28ms），不同颜色规则下得到反转的 Simon 效应（–65ms）；然而，在 25/75–50/50 组，相同（–2ms）与不同颜色（–53ms）规则下均得到反转的 Simon 效应；在 50/50–25/75 组，相同颜色规则下得到正的 Simon 效应（3ms），不同颜色规则下，反转 Simon 效应增大（–79ms）。组别与刺激反应颜色规则的交互作用不显著，$F(4, 75) = 1.35$，$p = .259$，$\eta_p^2 = .067$。

研究者也分析了具有反应重复的试次。从反应时上看，混合设计的方差分析发现刺激—反应颜色规则具有显著的主效应，$F(1, 75) = 428.73$，$p < .001$，$\eta^2 = .851$，空间一致性具有显著的主效应，$F(1, 75) = 6.00$，$p = .017$，$\eta_p^2 = .074$。组别的主效应是不显著的，$F(4, 75) = 0.88$，$p = .478$，$\eta_p^2 = .045$。组别 × 刺激—反应颜色规则 × 空间一致性的三重交互作用是显著的，$F(4, 75) = 7.46$，$p < .001$，$\eta_p^2 = .285$。在 75/25–50/50 组，相同颜色规则下得到一个增大的 Simon 效应（96ms），不同颜色规则下得到反转的 Simon 效应（–37ms）；在 50/50–75/25 组，相同颜色规则下得到正的 Simon 效应（37ms），不同颜色规则下反转 Simon 效应被反转（21ms）；在 50/50–50/50 组，相同颜色规则下得到正的 Simon 效应（24ms），不同颜色规则下得到反转的 Simon 效应（–60ms）；然而，在 25/75–50/50 组，相同（–26 ms）与不同颜色（–58ms）规则下均得到反转的 Simon 效应；在 50/50–25/75 组，相同颜色规则下得到正的 Simon 效应（7ms），不同颜色规则下，反转 Simon 效应增大（–94ms）。组别与刺激反应颜色规则的交互作用不显著，$F(4, 75) = 1.30$，$p = .280$，$\eta_p^2 = .065$。

总之，这些结果排除了刺激或反应重复的影响，显示出与先前结果相一致的模式。因此，用重复效应来解释当前研究中受调节的冲突效应是不合适的。

2. fMRI 结果

（1）主效应

研究者首先比较了相同颜色规则与不同颜色规则间的 BOLD 活动。不同颜色规则对比相同颜色规则条件下，显示 BOLD 活动显著增加的区域包括双侧上顶叶（bilateral superior parietal lobule，SPL），顶间沟（intraparietal sulcus，IPS）附近区域，双侧背侧前运动皮层（dorsal premotor cortex，dPMC），前辅助运动区/前中扣带回（pre-supplementary motor area，pre-SMA/anterior cingulate cortex，aMCC），双侧小脑（cerebellum）与双侧脑岛（insula）（FWE 校正 $p< .05$），如图 7-2，表 7-1a。相反的对比，相同颜色规则对不同颜色规则揭示，BOLD 活动显著增强的区域包括两个半球上的颞顶联合区（temporoparietal junction，TPJ），颞中回（middle temporal gyrus），上额回（superior frontal gyrus，SFG）和下额回（inferior frontal gyrus，IFG）（FWE corrected $p< .05$），如图 7-2，表 7-1b。这些结果与实验 2 的结果相似。然后，我们比较了不同组之间的 BOLD 活动，发现当 75/25 条件对比 50/50 条件时（75/25 条件即 75/25-50/50 组相同颜色规则的数据与 50/50-75/25 组不同颜色规则的数据，对比 50/50-50/50 组的数据），双侧额中回（Middle Frontal Gyrus）和右侧楔叶（cuneus）的 BOLD 活动显著增加（FWE 校正 $p< .05$，见表 7-1c）；而当 25/75 条件对比 50/50 条件时（25/75 条件即 25/75-50/50 组相同颜色规则的数据与 50/50-25/75 组不同颜色规则的数据，对比 50/50-50/50 组的数据），双侧额中回，左侧中扣带回和双侧中央后回（postcentral gyrus）的 BOLD 活动显著增强，见表 7-1d。当 50/50 条件对比 25/75 条件时，双侧枕下回（Inferior Occipital Gyrus），双侧中扣带回，右侧楔前叶和左侧额中回的 BOLD 活动显著增加（FWE 校正 $p< .05$，表 7-1e）；在一致与不一致条件间的对比没有发现任何显著结果。

（2）交互作用

组别 × 刺激—反应颜色规则 × 空间一致性的三重交互作用没有发现任何显著的脑区激活。然而，在组别与空间一致性上存在显著的交互作用。对比[75/25-（Inc > Con）> 25/75-（Inc > Con）]显示在双侧上顶叶延伸至顶间沟，双侧背侧前运动皮层，前辅助运动区/前中扣带回，左侧背外侧前额叶（dorsolateral

主效应显著激活的脑区   表 7-1

脑区	大脑半球	坐标			峰值（z-Score）	激活值
（a）不同颜色规则 > 相同颜色规则						
Superior Parietal Lobule	R	22	−64	52	Inf	6170
SupraMarginal Gyrus	R	42	−34	42	Inf	
Inferior Parietal Lobule	R	32	−48	50	7.73	
Superior Parietal Lobule	L	−20	−62	46	Inf	5258
Inferior Parietal Lobule	L	−38	−42	44	Inf	
Superior Frontal Gyrus	R	26	−2	54	Inf	3863
Superior Frontal Gyrus	L	−24	−2	56	7.37	
SMA	L	−4	12	52	6.54	
Precentral Gyrus	R	50	8	30	7.03	1624
Insula Lobe	R	32	24	6	6.86	
Precentral Gyrus	L	−50	4	28	6.54	662
Thalamus	L	−16	−10	2	5.82	345
Insula Lobe	L	−30	22	6	5.65	626
Cerebellum	L	−26	−56	−28	5.6	2418
Cerebellum	R	24	−62	−24	5.2	
Cerebellar Vermis		2	−46	−18	4.92	
Thalamus	R	20	−12	0	4.88	264
Th−Prefrontal		18	−8	8	3.91	
（b）相同颜色规则 > 不同颜色规则						
Angular Gyrus	R	50	−68	44	Inf	1955
Olfactory cortex	R	6	20	−10	Inf	23831
Medial Temporal Pole	R	40	14	−34	Inf	
Mid Orbital Gyrus	L	−8	28	−14	7.82	
Middle Cingulate Cortex	R	10	−44	38	7.8	7039
Middle Cingulate Cortex	L	−4	−40	42	6.92	
Rolandic Operculum	R	58	−6	14	4.31	424
Postcentral Gyrus	R	54	−6	28	4.15	
Postcentral Gyrus	L	−62	−6	20	4.3	337
Superior Temporal Gyrus	L	−64	−16	12	3.33	
（c）75/25 条件 > 50/50 条件						
Cuneus	R	14	−94	12	Inf	34506
Middle Occipital Gyrus	L	−18	−94	14	Inf	
Area 17		−6	−98	10	Inf	

续表

脑区	大脑半球	坐标			峰值（z-Score）	激活值
Postcentral Gyrus	L	−62	0	20	6.61	1432
Temporal Pole	L	−56	12	−10	4.31	
Middle Frontal Gyrus	L	−44	50	16	5.94	1116
Superior Frontal Gyrus	L	−26	48	38	4.76	
Middle Frontal Gyrus	R	46	54	12	5.79	1621
Rolandic Operculum	R	64	2	12	5.64	4408
Precentral Gyrus	R	56	0	20	5.52	
Temporal Pole	R	62	6	−2	5.43	
Putamen	R	34	−6	6	4.23	747
（d）25/75 条件 > 50/50 条件						
Calcarine Gyrus	R	14	−92	12	Inf	35309
Middle Occipital Gyrus	L	−18	−94	16	Inf	
Calcarine Gyrus	R	10	−86	0	Inf	
Middle Frontal Gyrus	R	32	50	36	6.03	893
Middle Frontal Gyrus	L	−46	48	14	5.83	959
Superior Frontal Gyrus	L	−26	48	38	4.71	
Rolandic Operculum	R	64	4	12	5.48	763
Superior Temporal Gyrus	R	62	2	2	4.37	
Precentral Gyrus	R	58	2	22	4.23	
Postcentral Gyrus	L	−64	2	16	5.09	370
Superior Temporal Gyrus	L	−60	2	0	3.49	
Middle Cingulate Cortex	L	−2	10	36	4.3	787
SMA	R	6	−8	60	4.09	
（e）50/50 条件 >25/75 条件						
Inferior Occipital Gyrus	L	−24	−98	−8	Inf	895
Inferior Occipital Gyrus	R	32	−92	−6	Inf	906
Middle Cingulate Cortex	L	−8	−38	46	Inf	33357
Middle Cingulate Cortex	R	6	−38	48	Inf	
Precuneus	R	10	−44	44	Inf	
IPC PGp		−42	−84	28	6.87	2916
Middle Temporal Gyrus	L	−64	−52	8	6.32	
Middle Frontal Gyrus	L	−30	38	38	5.34	2220
Inferior Frontal Gyrus p. Triangularis	L	−44	22	14	4.33	397

分析基于 FWE 校正后 $p < .05$ 的水平上进行，采用 SPM 解剖工具箱来定位脑结构的区域（Eickhoff et al., 2005）。L = 左；R = 右；x，y，z 为 MNI 坐标（Montreal Neurological Institute）。

prefrontal cortex），双侧颞下回（inferior temporal gyrus）和丘脑（thalamus）有显著的激活（FWE 校正 $p < .05$）如图 7–2、图 7–3、表 7–2a。特别的是，在 75/25 条件，这些区域在不一致条件比一致条件时有更强的激活，而在 25/75 条件，这些区域在不一致条件比一致条件时有更弱的激活，且这种激活不依赖于 S–R 颜色规则。还应该注意到的是这些区域的大多数是与不同颜色规则对比相同颜色规则时激活的区域重叠。上述交互作用与（AC > SC）对比的结合分析确认了这种重叠，显示这些脑区包括双侧上顶叶延伸至顶间沟，双侧背侧前运动皮层，前辅助运动区/前中扣带回,右侧小脑和左侧丘脑（FWE 校正 $p < .05$）见表 7–2b。此外，研究者对 75/25 条件与 50/50 条件，和 25/75 条件与 50/50 条件采用相似的交互作用分析发现，结果与 75/25 条件与 25/75 条件间的比较具有相似性。对比 [75/25–（Inc > Con）> 50/50–（Inc > Con）] 显示，在左侧枕上回和枕下回，双侧丘脑，右侧核壳，右侧额上回和额下回区域有显著激活（FWE 校正 $p < .05$）见表 7–2c。对比 [50/50–（Inc > Con）> 25/75–（Inc > Con）] 显示在左侧额上回和额中回有显著激活（FWE 校正 $p < .05$）见表 7–2d。

交互作用显著激活的脑区　　　　　　　表 7–2

脑区	大脑半球	坐标			峰值（z–Score）	激活值
（a）比例一致效应：75/25 –（Inc > Con）> 25/75 –（Inc > Con）						
Inferior Temporal Gyrus	R	52	–58	–4	5.25	4897
Cerebellum	R	20	–42	–16	4.99	
Cerebellum	L	–16	–42	–18	4.96	
Thalamus	R	12	–8	14	5.09	1956
Pallidum	L	–14	–2	2	4.63	663
Thalamus	L	–10	–26	10	4.2	
Caudate Nucleus	L	–12	16	6	4.12	
Postcentral Gyrus	R	48	–30	42	4.56	300
SupraMarginal Gyrus	R	38	–38	44	4.3	
Superior Frontal Gyrus	R	24	6	58	4.47	343
SMA	R	12	22	54	3.9	
Middle Cingulate Cortex	L	–4	8	38	4.1	
Middle Occipital Gyrus	R	30	–78	34	3.77	370
（b）比例一致效应与 S–R 规则效应（AC > SC）共同激活区						
Inferior Temporal Gyrus	R	46	–56	–6	5.16	626

续表

脑区	大脑半球	坐标			峰值（z-Score）	激活值
Inferior Occipital Gyrus	R	34	−74	−6	3.56	
Postcentral Gyrus	R	48	−30	42	4.56	284
SupraMarginal Gyrus	R	38	−38	44	4.3	
Superior Frontal Gyrus	L	−22	−2	64	4.23	279
Superior Frontal Gyrus	R	24	6	58	4.47	250
Inferior Temporal Gyrus	L	−48	−68	−10	4.37	485
Middle Occipital Gyrus	L	−34	−76	12	3.69	
Inferior Occipital Gyrus	L	−38	−70	−4	3.66	
Cerebellar Vermis		2	−54	−22	4.08	301
Right Cerebellum	R	20	−58	−26	3.77	
Cerebellar Vermis		−2	−66	−22	3.63	
Cerebellum	L	−24	−54	−22	3.99	320
Middle Occipital Gyrus	R	30	−78	34	3.77	317
（c）比例一致效应：75/25 −（Inc > Con）> 50/50 −（Inc > Con）						
Middle Occipital Gyrus	L	−26	−92	16	7.48	18677
Inferior Occipital Gyrus	L	−30	−78	−10	7.37	
Thalamus	L	−20	−28	−2	4.68	802
Thalamus	R	10	−20	8	4.63	1205
Putamen	R	30	10	0	4.55	
Inferior Frontal Gyrus p. Triangularis	R	44	36	16	4.01	383
Middle Frontal Gyrus	R	36	36	14	3.98	
（d）比例一致效应：50/50 −（Inc > Con）> 25/75 −（Inc > Con）						
Middle Frontal Gyrus	L	−26	−6	52	4.15	281
Superior Frontal Gyrus	L	−22	6	66	3.4	

分析基于 FWE 校正后 $p < .05$ 的水平上进行。

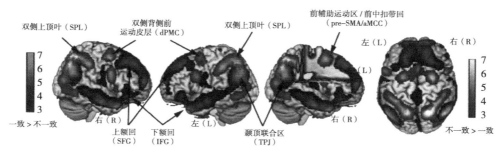

图 7-2 刺激—反应颜色规则主效应的 fMRI 结果

（图片来源：作者绘制）

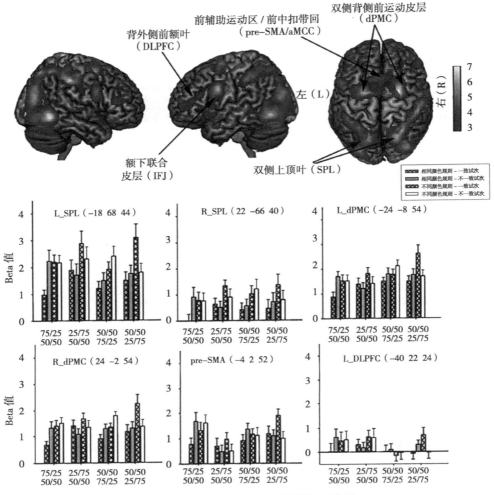

图7-3　比例一致性与空间一致性的交互作用

（［（75/25-50/50）_SC_inc-con＞（25/75-50/50）_SC_inc-con]+［（50/50-75/25）_AC_inc-con＞（50/50-25/75）_AC_inc-con]）的fMRI分析结果

（图片来源：作者绘制）

（3）迁移效应

为了检验迁移效应，我们对比了75/25-50/50组与25/75-50/50组在不同颜色规则条件下，不一致条件比一致条件的激活水平是否存在差异，如图7-4A；同时也对比了50/50-75/25组和50/50-25/75组在相同颜色规则条件下，不一致条件比一致条件的激活水平是否存在差异，如图7-4B。结果表明，这两种对比在$p < .05$（FWE校正）水平上都没有显示出显著的脑区激活。采用更宽松的阈限（cluster水平上为FWE校正$p < .05$，voxel水平上为未校正$p < .05$）后，我们得到迁移效应激活的脑区。为了验证习得的刺激—反应联结是否存在迁移，我

们抽取了两个对比中的 pre-SMA/aMCC 脑区的 Beta 值绘制成表，如图 7-4C 和图 7-4D。不论是从相同颜色规则向不同颜色规则的迁移，如图 7-4C，还是不同颜色规则向相同颜色规则的迁移，如图 7-4D，迁移效应都发现了激活的反转现象。如在图 7-4C 中，75/25-50/50 组被试在不同颜色规则下，不一致条件 pre-SMA/aMCC 的活动强于一致条件，而 50/50-25/75 组被试在相同颜色规则下，一致条件 pre-SMA/aMCC 的活动强于不一致条件。相似地，在图 7-4D 中，75/25-50/50 组与 50/50-25/75 组被试分别在不同颜色规则和相同颜色规则下，表现出反转 Simon 效应与 Simon 效应的反转，这说明了比例一致效应不但产生了迁移，而且造成了冲突效应的反转，支持了习得的刺激—反应联结迁移到新的情境中并调节认知控制的假设。

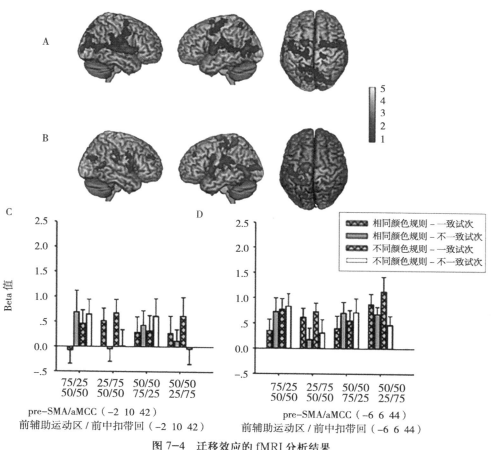

图 7-4　迁移效应的 fMRI 分析结果
（图片来源：作者绘制）

7.3　研究结果的解读

本研究的结果证实了，比例一致性的操纵具有较好的稳定性，从行为结果来看，当一致试次占多数时，相同规则条件下正的 Simon 效应增加，而不同规则条件下反转 Simon 效应反转，反之，当不一致试次占多数时，相同规则条件正的 Simon 效应反转，而不同规则条件下反转 Simon 效应增大，这与实验 1、2、3 的结果相一致，充分说明了比例一致效应在 Hedge 和 Marsh 任务中具有较好的稳定性和可靠性。而反转的冲突效应再次证实了比例一致效应中可能性学习起到主导的作用。行为结果还发现，比例一致效应可以在不同任务间迁移，50/50–75/25 与 50/50–25/75 组在相同颜色规则下，正的 Simon 效应（36ms vs.5ms）出现显著差异，显示了不同规则下的比例一致效应迁移到相同规则下；但在 75/25–50/50 与 25/75–50/50 组不同颜色规则下，反转的 Simon 效应（–39ms vs. –55ms）间没有显著差异，显示了相同规则下的比例一致效应未能迁移到不同规则下，这一结果与实验 3 的结果相一致，表明了比例一致效应的迁移稳定地受到任务情境的影响。

FMRI 结果提供了更多证据去支持可能性学习假说的观点。与行为结果类似，经典的 Simon 效应是与不一致条件下上顶叶和前中扣带回更强的激活相联系的，而反转 Simon 效应是与一致条件下上顶叶和前中扣带回更强的激活相联系的。这种激活模式的反转是与经典和反转 Simon 效应的反转相伴随的，是比例一致性操纵的结果。特别地，当正的 Simon 效应反转时，在一致条件下有更强的激活，而当反转 Simon 效应反转时，在不一致条件下有更强的激活，这些激活的脑区集中在额顶联合区，包括双侧上顶叶和背侧前运动皮层，前辅助运动区 / 前中扣带回和左侧背外侧前额叶。正如实验 2 所述，增强的空间 S–R 联结归因于刺激—反应之间的高可能性，应用这种可能性去预期反应的加工也被表征在额顶联合区。这些结果的激活模式与实验 2 的结果相一致，共同表明了认知控制（前中扣带回和背外侧前额叶）转换监测对象去解决增强的和任务相关的 S–R 联结之间的冲突。

在当前研究中，比例一致效应的迁移只在行为结果上得以重复验证，但在 fMRI 结果上没有发现显著的脑区激活，之前的研究中也很少有在迁移效应中发现脑区激活 [①]。但在采用较宽松的阈限时，研究者发现了 pre-SMA/aMCC 的激活。

---

① BLAIS C，BUNGE S. Behavioral and neural evidence for item–specific performance monitoring [J]. Journal of Cognitive Neuroscience，2010，22（12）：2758–2767.

由于先前关于比例一致效应迁移的研究都是行为研究，所以找不到可以对比的成像研究结果，但是根据当前研究中实验 3 和实验 4 的行为结果，我们发现了稳定了迁移效应。先前的大量研究中也存在比例一致效应迁移的情况 ①~④。对于比例一致迁移的解释，大多研究从认知控制的角度，认为是由认知控制设置的迁移造成的，也有研究者认为可以用时间学习假说来解释 ⑤⑥，不过这些研究的重点往往在于排除可能性学习的作用，即在实验设置上将比例偏置项目与比例未偏置项目分离的方法，设置为不同的项目，而在当前任务中，比例偏置项目与比例未偏置项目是完全相同的，差异只在于任务的情境不同，因此可能存在的解释是，在当前任务中，迁移的产生主要是由于习得的刺激—反应联结产生迁移造成的，而不是由于认知控制设置的迁移或时间学习造成的。这可以在当前研究的结果中找到支持的证据。在实验 2 和实验 4 中，都出现了一致性效应反转的现象，并且伴随着额顶联合区激活模式的反转，即在试次类型出现多的情境中，占优势的试次相对容易，激活较弱，而少数试次相对较难，引起了更强的激活，这种反转的模式（包括反应时、错误率和脑区活动）是非常稳定和一致的，难以用注意调节（认知控制）来解释。认知控制强调自上而下的调节，对冲突效应的减少，最大限度解释到 0，即使改进的认知控制模型与控制调节的 Hebbian 学习 ⑦⑧ 可以通过冲突来增强刺激—反应间的联结，也需要自下而上的联结学习来解释当前的数据。另一方面，时间学习假说通过操纵不同任务情境下（多

① FUNES M J，LUPIáñEZ J，HUMPHREYS G. Sustained vs. transient cognitive control：Evidence of a behavioral dissociation [J]. Cognition，2010，114（3）：338-347.

② HUTCHISON K A. The interactive effects of listwide control，item-based control，and working memory capacity on Stroop performance [J]. Journal of Experimental Psychology：Learning，Memory，and Cognition，2011，37（4）：851.

③ BUGG J M，CHANANI S. List-wide control is not entirely elusive：evidence from picture-word Stroop [J]. Psychon Bull Rev，2011，18（5）：930-936.

④ WUHR P，DUTHOO W，NOTEBAERT W. Generalizing attentional control across dimensions and tasks：Evidence from transfer of proportion-congruent effects [J]. Q J Exp Psychol（Hove），2014，1-23.

⑤ SCHMIDT J R. List-level transfer effects in temporal learning：Further complications for the list-level proportion congruent effect [J]. Journal of Cognitive Psychology，2014，26（4）：373-385.

⑥ SCHMIDT J R，LEMERCIER C，DE HOUWER J. Context-specific temporal learning with non-conflict stimuli：proof-of-principle for a learning account of context-specific proportion congruent effects [J]. Front Psychol，2014，5：1241.

⑦ VERGUTS T，NOTEBAERT W. Adaptation by binding：A learning account of cognitive control [J]. Trends Cogn Sci，2009，13（6）：252-257.

⑧ BLAIS C，VERGUTS T. Increasing set size breaks down sequential congruency：evidence for an associative locus of cognitive control [J]. Acta Psychol（Amst），2012，141（2）：133-139.

数一致或多数不一致）被试对预期反应时间的设定来促进一致性反应或不一致反应，但在时间学习假说的解释中，即使在多数不一致试次中，不一致反应的时间受到预期时间的促进而减小，而一致试次却不受影响，维持原来的大小[①②]，这不符合当前研究的数据模式。在 Hedge 和 Marsh 任务中，颜色规则与空间一致组成了四种条件，即相同颜色规则下一致，相同颜色规则下不一致，不同颜色规则下一致和不同颜色规则下不一致条件，而这四种条件的反应时大小依次是相同颜色规则下一致试次最快，而不同颜色规则下一致试次最慢。同时，比例一致操纵不仅调节了多数一致情境中一致试次与多数不一致情境中不一致试次的反应时，而是对四种条件下的反应时都有所影响，这与时间学习假说的预期是不一致的。

　　而从脑成像的结果上来看，正如先前讨论中得到的，当前研究难以区分负责可能性学习的脑区与负责认知控制的脑区。然而，当前研究发现了比例一致效应迁移激活的脑区，填补了这一研究上的空白。更重要的是，pre-SMA/aMCC 上活动随着迁移效应而产生的 Simon 效应与反转 Simon 的反转现象，证实了比例一致效应迁移中受到习得的刺激—反应联结的影响，而不仅仅是认知控制设置迁移的结果，这些数据拓展了前人的研究，暗示了习得的刺激—反应联结不仅可以在当前情境中调节认知控制，而且可以迁移到新的情境中调节认知控制。

---

① SCHMIDT J R. List-level transfer effects in temporal learning: Further complications for the list-level proportion congruent effect [J]. Journal of Cognitive Psychology, 2014, 26 (4): 373-385.

② SCHMIDT J R, LEMERCIER C, DE HOUWER J. Context-specific temporal learning with non-conflict stimuli: proof-of-principle for a learning account of context-specific proportion congruent effects [J]. Front Psychol, 2014, 5: 1241.

第 8 章

快速习得的刺激—反应联结影响认知控制

8.1　快速学习建立的任意刺激—反应联结对认知控制的影响

在实验 2 中，研究者检验了比例一致效应中习得的刺激—反应联结对认知控制系统的影响，这种刺激—反应联结的习得是一个无意识的过程，先前研究中曾有研究者询问被试是否了解任务中一致试次与不一致试次的比例[①]，被试并不能准确地回答出相应的比例。在此基础上，研究者考虑通过外显的（快速）学习建立的任意刺激—反应联结也应该能够调节认知控制系统。实际上已经有研究者采用汉字或汉语拼音作为 Hedge 和 Marsh 任务中的按键标识，得到了经典的正的或反转的 Simon 效应[②]，而汉字或汉语拼音都是语言符号，其与刺激（颜色）间的联结为被试后天习得的刺激—反应联结，这种联结也可以影响冲突效应的产生和幅度。因此，研究者预期经过快速学习建立的任意刺激—反应联结也能够影响认知控制系统。

在选择任意刺激—反应联结的实验材料时，研究者筛查了大量的项目，比如颜色—形状，颜色—假字，面孔—名字等，这里研究者只报告面孔—名字联结学习和情况。面孔—名字的学习是快速学习常用的一种实验材料，被试往往可以在较短的时间内建立起任意面孔—名字之间的联结[③]，但研究者并不确定这时建立起的任意联结是否可以调节认知控制的实施。为了检验习得的任意刺激—反应（面孔—名字）可以调节认知控制的实施，研究者在实验 3 中先进行一个预实验。预实验采用 Hedge 和 Marsh 任务，任务中的刺激材料为被试较熟悉的面孔（明星照片），反应按键的标识为他们的名字，以检验面孔—名字的联结是否可以产生类似的冲突效应。之后，研究者在正式实验中，采用不熟悉的人物面孔和名字，要求被试在短时间内（7 天）学习这些面孔—名字的联结，最后进行迁移任务，检验是否新习得的任意面孔—名字联结可以产生冲突效应，从而验证其对认知控制系统的调节作用。这一实验的假设是被试在未建立面孔—名字的联结前，不会对这一联结进行有效的加工，也不存在冲突效应，而经过短

---

① CRUMP M J C, GONG Z, MILLIKEN B. The context-specific proportion congruent Stroop effect : Location as a contextual cue [J]. Psychonomic Bulletin & Review (pre-2011), 2006, 13 (2): 316-321.

② LI, H., XIA, T., & WANG, L. Neural correlates of the reverse Simon effect in the hedge and marsh task[J]. Neuropsychologia, 2015, 75, 119-131.

③ SPERLING R A, BATES J F, COCCHIARELLA A J, et al. Encoding novel face-name associations : a functional MRI study [J]. Hum Brain Mapp, 2001, 14 (3): 129-139.

期学习之后，习得的面孔—名字被用来作用于实验任务，即可以出现类似颜色 Hedge 和 Marsh 任务中的正的和反转的 Simon 效应，从而证实认知控制的实施会受到新习得的外显的刺激—反应联结的调节。

8.2　预测试方案

8.2.1　研究目的

利用被试较熟悉的面孔—名字联结去检验这种联结是否能够产生经典的冲突效应，为正式实验中的学习任务建立基线。

8.2.2　研究方法

同样的公开招募的方式，邀请 16 名华南师范大学的学生（年龄 20.6 ± 1.1 岁，13 名女性）参加本实验。所有被试均为右利手，并且视力或矫正视力正常。他们事先不了解实验目的，实验前签订知情同意书，并在实验后获得一定的报酬。

在当前研究中，被试坐在一个 21 寸的阴极射线管（CRT）彩色显示器（Eizo FlexScan T961）前完成实验。所有视觉刺激均通过 Presentation 软件（version 16.3，Neurobehavioral Systems Inc.USA）呈现。被试坐在显示器前，视距约 60cm。视觉刺激的背景为黑色。一个白色的十字加号（2.8° × 2.8°）呈现在屏幕中间作为注视点。目标刺激为人物面孔的照片：明星甲和明星乙（视角 3° × 3°）。这两位人物均为当前大学生较熟悉的明星，所用照片选自网络，同时对像素、人物面孔的大小、拍照的角度等因素进行了控制。面孔照片呈现在屏幕的左边或右边，注视点的上方（注视点与刺激之间的视角为：垂直 7.1° × 水平 8.5°）。两个白线（垂直 0.4° × 水平 4.2°）上方的名字（垂直 1.4° × 水平 2.8°，分别为"明星甲"和"明星乙"）呈现在屏幕的下方，作为反应标识。两个矩形标识分别呈现在屏幕的左边和右边（矩形与注视点之间的视角为：垂直 7.1° × 水平 8.5°），并在试次间随机变化。被试通过用左手食指按压左键（键盘上的左 Ctrl 键）和右手食指按压右键（键盘上的右 Ctrl 键）来进行反应。

为了实现研究目的，研究者进行了精细的实验设计。实验采用经典的 Hedge 和 Marsh 任务，所有被试都要完成一个面孔辨别任务。与实验 1 不同，面孔—名字反应规则（相同规则和相反规则）在单个试次间变化，在实验之前，通过指导语告诉被试，两种形状例如，圆形或三角形分别代表两种规则。每个试次开始时，被试可以先看到代表规则的形状图案（例如，圆形或三角形），呈现时间为 1000ms，之后出现反应标识（名字），呈现时间为 1000ms，随后，出现目标刺激（人物面孔照片），呈现时间为 2000ms 或反应按键后消失。在后一种情况下，反应结束后呈现黑屏直至试次结束。要求被试根据线索图案代表的规则又快又准地做出反应（线索图案代表的规则在所有被试间进行平衡）。一个试次持续的总时间为 4000ms。反应标识表明反应按键的名字分配，并在试次间随机变化。当"明星甲"反应标识呈现在左边，而"明星乙"反应标识呈现在右边时，在相同规则下，被试需要按压"明星甲"（例如，左）键去对明星甲的面孔照片进行反应，按压"明星乙"（例如，右）键去对明星乙的面孔照片进行反应。然而，在相反规则下，被试需要按压"明星乙"键去对明星甲面孔照片进行反应，按压"明星甲"键去对明星乙面孔照片进行反应。整个实验有 192 个试次，其中一致试次与不一致试次各占 50%。

8.2.3　结果

研究者首先从正确的反应数据中剔除极端值，极端值为每种条件下平均数的三个标准差之外的数据。之后，研究者对反应时（RT）和错误率（PE）各操纵一个 2 × 2 的被试内方差分析（ANOVA），自变量为刺激—反应颜色规则（2 水平：相同规则，不同规则）和空间相容性（2 水平：一致，不一致），见表 8-1。反应时的方差分析显示刺激—反应规则具有显著的主效应，$F(1, 15) = 69.25$，$p < .001$，$\eta_p^2 = .822$，表明相同规则条件下反应时（892ms）快于不同规则条件（962ms）。空间一致性的主效应不显著，$F(1, 15) = 2.67$，$p = .123$，$\eta_p^2 = .151$。刺激—反应规则 × 空间一致性的交互作用是显著的，$F(1, 15) = 18.68$，$p = .001$，$\eta_p^2 = .555$，表明 Simon 效应受到刺激—反应规则的调节。在相同规则条件下，一致试次快于不一致试次，得到正的 Simon 效应（49ms），而在不同规则下，一致试次慢于不一致试次，得到反转的 Simon 效应（−28ms）。这一结果与预期相一致，表明了采用面孔—名字作为实验材料，也可以得到 Hedge 和 Marsh 任务中经典的正的和反转 Simon 效应。错误率的方差分析显示刺激—反应规则具有显著的主效应，$F(1, 15) = 5.86$，$p = .029$，$\eta_p^2 = .281$，表明相同规则条件下错误率（0.09）小于不同规则条件（0.11）。空间一致性的主效应不显著，$F(1, 15) = 0.37$，$p = .552$，

$\eta_p^2 = .024$。刺激—反应规则 × 空间一致性的交互作用是显著的，$F（1，15）= 1.45$，$p = .248$，$\eta_p^2 = .088$。

各条件下的反应时与错误率　　　　　　表 8-1

规则	反应时		错误率	
	一致试次	不一致试次	一致试次	不一致试次
相同规则	868（103）	917（86）	0.08（0.05）	0.10（0.07）
相反规则	976（88）	949（98）	0.12（0.08）	0.11（0.06）

8.3　预测试结果的解读

预实验采用经典的 Hedge 和 Marsh 任务，将刺激材料与反应按键的标识替换为被试熟悉的明星照片与名字，结果显示，在相同规则条件下产生了正的 Simon 效应，而在不同规则条件下得到了反转的 Simon 效应，这与实验的预期是一致的。因为实验中明星面孔与名字之间的配对是被试在后天环境中逐渐熟悉的，这一面孔与名字间的联系可以看作是任意刺激—反应联结的一种，所以预实验证实了任意刺激—反应联结的建立可以调节 Simon 效应的出现和反转。

同时，由于明星面孔与名字通常是经由媒体或影视作品为被试熟悉的，我们认为这种任意刺激—反应联结的建立是可以通过快速学习获得的，而先前关于面孔—名字的学习研究，也表明了被试可以快速习得面孔—名字的配对，这也是人类在长期社会生活中适应环境的一种技能。但有一个问题是值得考虑的，即习得的任意刺激—反应联结如何在认知加工中起作用。当前预实验表明了习得的任意刺激—反应联结是 Hedge 和 Marsh 任务中规则调节 Simon 效应的前提条件，如果没有习得的刺激—反应联结，那么相同规则与不同规则很难界定，可能只是被试临时采用的一种策略，往往不能得到稳定的 Simon 效应与反转 Simon 效应（这在实验 3 的基线中可以得到证明）。然而，对于习得的任意刺激—反应联结的强度在当前任务中的作用，还没有确定的结论。其他研究发现，颜色与汉字（例如，红绿颜色与"红"，"绿"）之间，颜色与拼音（例如，红绿颜色与"hong"，"lv"）之间的联结也可以调节 Simon 效应[①]，这是一种长期学习的结果，而另一

---

① LI，H.，XIA，T.，& WANG，L. Neural correlates of the reverse Simon effect in the hedge and marsh task[J]. Neuropsychologia，2015，75，119–131.

项研究也证实，采用具有两年外语学习的被试（分别为日语和俄语），以颜色作为刺激材料，以日语或俄语字作为反应标识，要求被试完成 Hedge 和 Marsh 任务，也可以得到正的和反转的 Simon 效应，即当日语被试用日语词作反应标识进行反应时，出现正的和反转的 Simon 效应，而用俄语词作反应标识时，不能产生反转的 Simon 效应，俄语被试也呈现类似的结果。这就提示研究者，刺激—反应间的联结是 Hedge 和 Marsh 任务中的重要因素，而且这种联结并不要求是先天或经过长期的学习建立的，也可能通过短期的练习获得。因此，在正式实验中，研究者假设通过短期快速学习建立的任意刺激—反应联结也可以在 Hedge 和 Marsh 任务中起到调节的作用。

8.4　正式测试的研究方案

通过预实验，研究者确定了面孔—名字联结可以在 Hedge 和 Marsh 任务起到调节 Simon 效应的作用。而先前的研究也证实了刺激—反应联结可以调节冲突效应，这为我们采用外显学习方式建立任意刺激—反应联结提供了理论上的可能性。在正式实验中，研究者设计通过短期的快速学习任务，使被试建立起任意的面孔—名字联结，随后在迁移任务中检验，这样的任意刺激—反应联结是否可以调节 Simon 效应，从而确定明确习得的刺激—反应联结调节认知控制的神经机制。

8.4.1　研究目的

训练被试在短期内习得任意的刺激—反应（面孔—名字）联结，检验新习得的任意联结是否可以调节认知控制的实施。

8.4.2　研究方法

通过公开招募的方式，邀请 16 名华南师范大学的学生（年龄 20.7 ± 1.4 岁，11 名女性）参加本实验。所有被试均为右利手，并且视力或矫正视力正常。他们事先不了解实验目的，实验前签订知情同意书，并在实验后获得一定的报酬。

在实验中，被试坐在一个 21 寸的阴极射线管（CRT）彩色显示器（Eizo FlexScan T961）前完成实验。所有视觉刺激均通过 Presentation 软件（version

16.3，Neurobehavioral Systems Inc.，USA）呈现。被试坐在显示器前，视距约 60cm。视觉刺激的背景为黑色。在基线和迁移阶段，一个白色的十字加号（2.8°×2.8°）呈现在屏幕中间作为注视点。目标刺激为人物面孔的照片：包括明星的照片（明星甲和明星乙，视角 3°×3°）和 6 张陌生人的照片（照片为华南师范大学心理学院的学生的面孔照片）。面孔照片呈现在屏幕的左边或右边，注视点的上方（注视点与刺激之间的视角为：垂直 7.1°×水平 8.5°）。两个白线（垂直 0.4°×水平 4.2°）上方的名字（垂直 1.4°×水平 2.8°），分别为 4 对名字（"明星甲"、"明星乙"与另外 3 对陌生人名字）呈现在屏幕的下方，作为反应标识。两个矩形标识分别呈现在屏幕的左边和右边（矩形与注视点之间的视角为：垂直 7.1°×水平 8.5°），并在试次间随机变化。被试通过用左手食指按压左键（键盘上的左 Ctrl 键）和右手食指按压右键（键盘上的右 Ctrl 键）来进行反应。

在练习阶段，设计了两种任务，一种是单任务，面孔—名字配对学习任务，在注视点上方，呈现面孔照片（垂直 3.2°×水平 0°），在注视点下方呈现名字（垂直 3.2°×水平 0°），在屏幕下方左右两侧分别呈现"√"或"×"（垂直 1.4°×水平 1.4°）及两个白线（垂直 0.4°×水平 4.2°），用来作为反应标识。在每个试次完成后，会出现反馈界面，分别为"正确"或"错误"，持续时间为 500ms；另一种为双任务，即在完成上述面孔—名字配对学习任务的同时，要求被试对背景纯音进行辨别计数，纯音为高低两种，频率分别为 1000 赫兹和 500 赫兹，要求被试只计数高音，其在每小节出现的频率为 40%~70%。

同时，为了尽可能地与现实生活中人们认识他人的自然过程相契合，我们制作了七段短的视频（每段视频时间为 9~12min）。在每段视频中，会设置某个生活作主题，例如，讨论学习计划，谈论聚餐，等等。视频中的人物与基线任务和面孔—名字配对学习任务中的人物相同，即 6 名华南师范大学心理学院的学生。视频中每人出现的时间、谈话的内容进行了匹配，尽可能保证每个人得到相似的关注度。

实验分为三部分进行，共进行 7 天。第一部分为基线测试，采用经典的 Hedge 和 Marsh 任务，所有被试都要完成一个面孔辨别任务。任务要求与预实验相同，不同之处在于，实验分为两小节，每节分别为两对陌生人的面孔—名字作为实验刺激，两小节采用不同的面孔—名字作为刺激。第二部分为练习阶段，这一阶段共进行 4 天，每天分别完成 5 段单任务练习和 5 段双任务练习，在面孔—名字配对学习任务中，共呈现 6 对面孔—名字，其中 2 对为学习的目标内容，即面孔—名字配对在 100% 的试次中一致，这 2 对面孔—名字在第三部分的迁移测试中作为目标刺激出现；另外 2 对为学习的控制内容，即面孔—名字配对在 50% 的试次中一致，这 2 对面孔—名字在第三部分的基线测试中作为目标刺激出现；最后 2 对为学习的填充内容，即面孔—名字配对在 75% 的试次为一致，这 2 对面孔—名字在第三部分不再出现。每小段练习任务由 48 个试次组成，完成每小段任务后，被试可以自主决定是否休息或继续练习。在练习阶段，除了面孔—名字配对学习任务，还有一半的练习任务为双任务，即在学习的同时，完成辨音计数任务，默记当前小节听到高音（1000 赫兹）总数，高音出现的频率为小节总试次的 40%~70%，用伪随机的方式呈现在各小节。之所以采用单任务和双任务的范式，是因为在双任务中被试需要同时处理两种任务，当一种任务的操作为自动化水平时，另一种任务的操作就可以较少受到影响[①]，因此，预期在练习中单任务和双任务存在相似的练习效果时，我们就可以认为被试习得的面孔—名字反应联结已经达到了自动化加工的水平。

在每天的练习开始之前，给被试呈现一段 10min 左右的短视频，视频中的人物与练习中出现的 6 位陌生人，每个人在视频出现的时间和对语进行了控制，每段视频活动的主题均为校园生活相关的主题，例如，学习讨论，出游计划等。在每天的练习结束之前，要求被试完成两份问卷，一份问卷由六个问题构成，主要是当天观看视频中的情节，要求被试从 6 位陌生人中选出与这一情节相关的人物，另一份问卷上呈现 6 位陌生人的面孔，要求被试选择他们认为最可能的名字与之配对，并报告对这一配对的确认程度。这里采用视频观看的练习方式，主要是考虑到现实生活中，人们认识明星主要是通过视频影音等渠道，本研究尽可能地提高学习的生态性，也采用视频观看的方式来建立面孔—名字的联结。

实验的第三部分为迁移测试，共进行两次，第一次为实验的第四天，进行第一次迁移测试及基线测试，在迁移测试中，目标刺激为练习中面孔—名字配对 100% 一致的刺激材料，在基线测试中，目标刺激为练习中面孔—名字配对

---

① POLDRACK R A, SABB F W, FOERDE K, et al. The neural correlates of motor skill automaticity [J]. The Journal of Neuroscience，2005，25（22）：5356-5364.

50%一致的刺激材料。第二次测试为实验的第七天，进行一段迁移测试和两段基线测试，迁移测试和第一段基线测试与第四天进行的测试相同，第二段基线测试采用预实验中的刺激材料，即明星的面孔—名字配对材料。

8.4.3　结果

研究者首先从正确的反应数据中剔除极端值，极端值为每种条件下平均数的三个标准差之外的数据，其中一名被试的错误率较高，因此，这名被试的数据未进行分析。之后，我们对反应时和错误率各操纵一个 $3 \times 2 \times 2$ 的被试内方差分析（ANOVA），自变量为实验阶段（3水平：基线测试、第一次迁移测试、第二次迁移测试），刺激—反应颜色规则（2水平：相同规则，不同规则）和空间相容性（2水平：一致，不一致），见表8-2。反应时的方差分析显示刺激—反应规则具有显著的主效应，$F(1, 14) = 6.92$，$p = .020$，$\eta_p^2 = .331$，表明相同规则条件下反应时（766ms）快于不同规则条件（819ms）。空间一致性的主效应不显著，$F(1, 14) = 1.81$，$p = .200$，$\eta_p^2 = .114$。实验阶段的主效应是显著的，$F(2, 28) = 6.14$，$p = .006$，$\eta_p^2 = .305$，表明了被试在练习中熟悉了当前任务，可以更好地进行操作。但实验阶段 × 刺激—反应规则 × 空间一致性的三重交互作用和刺激—反应规则 × 空间一致性的交互作用均不显著的，$F(2,28) = 0.63$，$p = .538$，$\eta_p^2 = .043$；$F(1, 14) = 1.63$，$p = .223$，$\eta_p^2 = .104$。当前研究结果显示，虽然被试经过四天的练习，已经习得了面孔—名字的联结，并且几乎达到了自动化的水平（面孔—名字辨别任务在单任务和双任务下的反应时与正确率没有显著差异），但并没有在迁移测试中出现显著的冲突效应。

各个条件下的反应时与错误率　　　　　　　表8-2

	反应时工				准确率			
	相同规则		不同规则		相同规则		不同规则	
	一致	不一致	一致	不一致	一致	不一致	一致	不一致
基线 1	817（116）	812（94）	799（101）	789（74）	0.05（0.04）	0.05（0.04）	0.05（0.04）	0.08（0.07）
迁移 1	671（131）	680（122）	703（93）	696（94）	0.04（0.03）	0.02（0.03）	0.06（0.05）	0.04（0.03）
迁移 2	658（99）	658（112）	694（115）	705（117）	0.02（0.03）	0.02（0.04）	0.02（0.02）	0.02（0.01）

对于练习效应的方差分析显示，练习效应的时间顺序主效应显著，$F_{(3, 45)} = 8.41$，$p < .001$，$\eta_p^2 = .359$，表明第一天的刺激—反应联结学习的反应时（1032ms）要显著长于第四天刺激—反应联结学习的反应时（932 ms）。任务类型的主效应显著，$F_{(1, 15)} = 4.84$，$p = .044$，$\eta_p^2 = .244$，表明单任务学习的反应时（930ms）显著短于双任务学习的反应时（990ms）。时间顺序与任务类型的交互作用显著，$F_{(3, 45)} = 3.16$，$p = .033$，$\eta_p^2 = .174$。进一步分析发现，第一天的任务类型反应时差异显著，$F_{(1, 15)} = 12.92$，$p = .003$，$\eta_p^2 = .463$，而最后一天的任务类型反应时差异不显著，$F_{(1, 15)} < .01$，说明了随着练习时间的延长，被试对要学习的刺激—反应联结越来越熟练，可以达到自动化的水平。

8.5 正式测试结果的解读

当前研究的结果，显示了被试可以在短期内通过快速学习建立起任意的面孔—名字配对，这与之前面孔—名字学习的研究结果相一致。但在当前研究中，被试虽然建立了面孔—名字配对的联结，还不能熟练地应用到迁移任务中，未能得到反转的 Simon 效应，这与实验预期不一致。

从结果可见，在基线任务中，采用被试不认识的面孔—名字配对作为刺激—反应标识时，不能得到反转的 Simon 效应，证实了刺激—反应联结的建立是认知控制实施的前提条件。在学习阶段，被试经过短期学习(七天)，主要包括面孔—名字配对的反馈奖励学习，人物视频观看和面孔—名字配对测试，可以快速建立起面孔—名字配对的联结。在单任务（只进行面孔—名字配对的反馈奖励学习任务）和双任务（同时进行面孔—名字配对的反馈奖励学习任务与高低音辨别计数任务）中，随着被试练习量的增加，两种任务中被试完成面孔—名字配对学习的反应时与错误率没有显著差异，这证实了被试习得的面孔—名字配对联结已经达到了自动化的水平。然而，在迁移阶段，虽然被试习得了面孔—名字配对联结，但依然没有得到预期的反转 Simon 效应。这与之前采用汉字、拼音、日语或俄语的相关研究的结果是不一致的，表明了在当前研究中，可能存在着某种条件未能满足，因此建立的刺激—反应联结并不能真正起到调节认知控制的作用。

　　一种可能性是学习的时间不够，当前研究中研究者采用快速学习的方式，使被试在七天内习得了面孔—名字配对，虽然在理论上讲，被试已经达到自动化的水平，但被试还没有熟练地应用这种规则。而先前研究中采用的语义字符（汉字、拼音或日语），预实验中采用的面孔—名字联结都是经过更长时期的学习，学习时间上的差异可能是当前研究没有得到预期效应的原因之一。另一方面，语义字符和明星面孔—名字的习得都是在自然环境中分散学习，积累形成的，而当前研究中，研究者采用实验室学习的方式，在生态效度上不如人们现实生活中学习语义字符或认识明星的学习过程，这种学习方式上的差异也可能是造成当前研究结果的原因。因此，当前研究未能达到预期的结果，可能存在的原因是多种的，有待进一步的研究去深入探讨这一问题。

第 9 章

刺激——反应联结学习与认知控制关系的思考

9.1 可能性学习，注意调节与计算模型

从实验1和实验2的结果，研究者发现 Hedge 和 Marsh 任务中经典的和反转的 Simon 效应都表现出比例一致效应。两种效应在相似的方式上依赖于一致对不一致试次的比例：对于一种既定的试次类型，当它是多数时，反应时相对变快；而当它是少数时，反应时相对变慢。而且，随着不一致试次对一致试次比例的增大，正的和反转的 Simon 效应都被反转。这些结果意味着被试增强了空间 S–R 联结，并基于这种联结去引导反应。实验3和实验4的结果也支持了这一观点。

与 50/50 组相比，在 75/25 组中，经典的 Simon 效应增加而反转的 Simon 效应反转（甚至有微小的反转）；与之相对，在 25/75 组中，经典的 Simon 效应反转，但反转的 Simon 效应增大。Simon 效应的反转重复了先前研究的结果[1~3]。这些结果认为在 25/75 组，因为任务中刺激与反应对（左位置—右反应和右位置—左反应）的频繁呈现，使被试增强了空间不一致的 S–R 联结，并基于这种联结去预期反应。经典的 Simon 任务起源于空间一致的 S–R 联结的影响[4,5]，然而，增强的不一致的 S–R 联结能够取代一致的 S–R 联结，因为在大多数试次中，不一致的 S–R 联结可能预期正确的反应。因此，当任务定义的反应与增强的不一致的 S–R 联结所预期的反应相一致时，比这二者不一致时，被试反应更快。换而言之，反应时在不一致试次中比在一致试次中更快（例如，在相同颜色规则下经典 Simon 效应的反转）。这种观点之前也曾有人提及，在不同颜色规则下，刺激空间信息通过再编码去激活空间不一致的反应（例如，不一致的 S–R 联结）[6,7]，因而导致

① HOMMEL B. Spontaneous decay of response–code activation [J]. Phycological Research，1994，56（4）：261–268.
② TOTH J P，LEVINE B，STUSS D T，et al. Dissociation of Processes Underlying Spatial S–R Compatibility：Evidence for the Independent Influence of What and Where [J]. Consciousness and cognition，1995，4（4）：483–501.
③ MARBLE J G，PROCTOR R W. Mixing location–relevant and location–irrelevant choice–reaction tasks：influences of location mapping on the Simon effect [J]. Journal of Experimental Psychology：Human Perception and Performance，2000，26（5）：1515–1533.
④ HOMMEL B. The Simon effect as tool and heuristic [J]. Acta Psychologica，2011，136（2）：189–202.
⑤ KORNBLUM S，HASBROUCQ T，OSMAN A. Dimensional overlap：cognitive basis for stimulus–response compatibility–a model and taxonomy [J]. Psychol Rev，1990，97（2）：253–270.
⑥ WUHR P，BIEBL R. Logical recoding of S–R rules can reverse the effects of spatial S–R correspondence [J]. Attention Perception & Psychophysics，2009，71（2）：248–257.
⑦ HEDGE A，MARSH N. The effect of irrelevant spatial correspondences on two–choice response–time [J]. Acta Psychologica，1975，39（6）：427–439.

了 Hedge 和 Marsh 任务中 Simon 效应的反转。在不同颜色规则下，增强的不一致的 S–R 联结使其更难以被避免，因为增加了 25/75 组的反转 Simon 效应。相似地，在 75/25 组中，由于刺激位置和反应之间的高可能性（左位置—左反应和右位置—右反应），空间一致的 S–R 联结的强度也得到了增强，并且被用来去引导反应。在不一致条件下，增强的一致的 S–R 联结也使得它很难被克服，因此，相同颜色规则下经典的 Simon 效应增大。一致的 S–R 联结的增强也能抵消不同颜色规则下不一致的 S–R 联结的影响，因此，减小甚至反转了反转 Simon 效应。此外，当前数据的分析也表明经典和反转 Simon 效应的变化都不能归因于物理刺激或反应的重复。这些结果为可能性学习解释提供了支持性的证据 ①②。而且，这些结果很难被注意调节所解释，例如，冲突监测模型。这些模型可以解释冲突效应的减小或消除，但难以说明冲突效应的反转。然而，这些结果也不能直接否定支持注意调节的发现 ③④，因为多数先前研究都采用了一种不同的范式，颜色—词的 Stroop 任务。相对而言，刺激空间信息与一个空间反应之间的强度比非空间信息（例如，颜色）和一个空间反应之间的强度更容易得到增强。这种可能性也得到了空间 Stroop 任务中比例一致效应的早期研究的支持 ⑤，他们发现在高频的不一致试次情境中，干扰效应出现了反转。值得强调的一点是当前结果并不能排除比例一致效应中注意调节的作用（下面 aMCC 和 DLPFC 的讨论部分详细说明）。更恰当地说，当前结果认为冲突效应主要来自于增强的 S–R 联结的强度，并应用这种增强的 S–R 联结去预期反应。

从计算模型的角度来看，对于比例一致效应而言，可能性学习假设与"纯"注意调节解释之间最重要的差异在于是基于输入—到—输出联结（即刺激—反应联结），还基于任务表征—到—输入联结（即刺激表征自上而下的调节）的

① SCHMIDT J R，BESNER D. The Stroop effect：Why proportion congruent has nothing to do with congruency and everything to do with contingency [J]. Journal of Experimental Psychology–Learning Memory and Cognition，2008，34（3）：514–523.
② HOMMEL B. Spontaneous decay of response–code activation [J]. Phycological Research，1994，56（4）：261–268.
③ BUGG J M，HUTCHISON K A. Converging evidence for control of color – word Stroop interference at the item level [J]. Journal of Experimental Psychology：Human Perception and Performance，2013，39（2）：433.
④ ABRAHAMSE E L，DUTHOO W，NOTEBAERT W，et al. Attention modulation by proportion congruency：The asymmetrical list shifting effect [J]. Journal of Experimental Psychology：Learning，Memory，and Cognition，2013，39（5）：1552–1562.
⑤ LOGAN G D，ZBRODOFF N J. When it helps to be misled：Facilitative effects of increasing the frequency of conflicting stimuli in a Stroop–like task [J]. Memory & cognition，1979，7（3）：166–174.

连通强度进行调节。在低一致条件下（例如，实验1、2的25/75组和3、4的25/75条件及 Hommel[1] 的实验2），反转 Simon 效应的出现表明了必须通过对刺激—反应联结强度的调节才能导致比例一致性产生反转的冲突效应。例如，在25/75组，空间不一致刺激—反应联结的强度（即左刺激—右反应与右刺激—左反应）被增强。只通过对刺激的自上而下的注意调节很难去解释比例一致性引发的反转冲突效应。例如，在经典的冲突监测模型中，（由高冲突）增加任务表征的控制信号可以分配更多的注意到任务相关的刺激信息，而减小刺激无关信息的影响。因此冲突效应减小，但并不可能被反转。然而，与 Botvinick 等人（2001）调节任务要求单元的激活不同，后来的模型为了调节自上而下的注意控制用冲突去调节任务要求单元与刺激输入单元间的单个连通权重[2][3]。这种方式不仅可以模型项目—特异性比例一致效应，而且还使得利用冲突调节其他联结（例如，刺激—反应联结）之间的连通权重成为可能，正如 Blais 和 Verguts[4]所说，"一般而言，我们设想全部联结都能受到冲突调节的联结学习的影响，但这里只有注意—到—输入联结被更新"。也就是说，虽然在他们最初的模型中，研究者只实现了任务要求与刺激输入单元间的连通权重的更新，但这些模型可能做得更多，例如，这些模型也可以用冲突去增加多数不一致条件下空间不一致的 S-R 联结，从而实现反转的 Simon 效应。然而，任务无关的 S-R 联结的强度会随着比例一致性的操纵而增加的原因并不清楚。一方面，可能性学习假设提出了任务无关 S-R 联结的强度改变与注意无关[5]，它可能是来自降低的反应门槛[6]，或者是由于情景记忆的存储与恢复[6]。另一方面，最新的冲突监测

① HOMMEL B. Spontaneous decay of response-code activation [J]. Phycological Research，1994，56（4）：261-268.
② BLAIS C，ROBIDOUX S，RISKO E F，et al. Item-specific adaptation and the conflict-monitoring hypothesis：a computational model [J]. Psychol Rev，2007，114（4）：1076-1086.
③ VERGUTS T，NOTEBAERT W. Hebbian learning of cognitive control：Dealing with specific and nonspecific adaptation [J]. Psychol Rev，2008，115（2）：518-525.
④ BLAIS C，VERGUTS T. Increasing set size breaks down sequential congruency：evidence for an associative locus of cognitive control [J]. Acta Psychol（Amst），2012，141（2）：133-139.
⑤ SCHMIDT J R，BESNER D. The Stroop effect：Why proportion congruent has nothing to do with congruency and everything to do with contingency [J]. Journal of Experimental Psychology-Learning Memory and Cognition，2008，34（3）：514-523.
⑥ SCHMIDT J R. The Parallel Episodic Processing（PEP）model：Dissociating contingency and conflict adaptation in the item-specific proportion congruent paradigm [J]. Acta Psychologica，2013，142（1）：119-126.

模型 [①~③] 认为可能是利用冲突 / 注意去调节任务无关 S-R 联结的强度的结果。冲突越大，学习权重越大。如果研究者把这些模型看作一个连续体，我们可以把 Botvinick 等人 [④] 的"纯"注意调节放在一端，Schmidt 等人的"纯"可能性学习假说放在另一端，其他的模型放在中间的某个地方。值得注意的是，最初的冲突监测模型用冲突去调节任务要求单元的活动（"纯"注意调节）是不可能解释反转冲突效应（和 ISPC 效应）。因此，本研究的数据不支持"纯"注意调节解释。然而，研究者认为当前数据很难区分冲突调节的 Hebbian 学习与可能性学习假说。因为这些数据不能指明由比例一致性操纵引起的任务无关 S-R 联结的增强是由何种原因造成的。

9.2 上顶叶，背侧前运动皮层和 S-R 联结

在实验 2 和实验 4 中，上顶叶和背侧前运动皮层的激活是与"背部注意网络"相重叠的 [⑤⑥]。这些区域不仅涉及单个刺激或反应的独立选择中自上而下的控制，而且也负责协调 S-R 联结。之前有关猴子的研究显示，顶内沟的子区域（例如，lateral intraparietal area，LIP）在运动开始之前负责编码朝向视觉目标的运动计划 [⑦⑧]，这暗示了这一区域在视觉运动信息转换上的作用。LIP 的活

① BLAIS C, ROBIDOUX S, RISKO E F, et al. Item-specific adaptation and the conflict-monitoring hypothesis : a computational model [J]. Psychol Rev, 2007, 114（4）: 1076-1086.

② VERGUTS T, NOTEBAERT W. Hebbian learning of cognitive control : Dealing with specific and nonspecific adaptation [J]. Psychol Rev, 2008, 115（2）: 518-525.

③ BLAIS C, VERGUTS T. Increasing set size breaks down sequential congruency : evidence for an associative locus of cognitive control [J]. Acta Psychol（Amst）, 2012, 141（2）: 133-139.

④ BOTVINICK, BRAVER, BARCH, et al. Conflict monitoring and cognitive control [J]. Psychol Rev, 2001, 108（3）: 624-652.

⑤ CORBETTA M, SHULMAN G L. Control of goal-directed and stimulus-driven attention in the brain [J]. Nature reviews neuroscience, 2002, 3（3）: 201-215.

⑥ FOX M D, CORBETTA M, SNYDER A Z, et al. Spontaneous neuronal activity distinguishes human dorsal and ventral attention systems [J]. Proceedings of the national academy of sciences, 2006, 103（26）: 10046-10051.

⑦ ESKANDAR E N, ASSAD J A. Dissociation of visual, motor and predictive signals in parietal cortex during visual guidance [J]. Nature neuroscience, 1999, 2（1）: 88-93.

⑧ ZHANG M, BARASH S. Neuronal switching of sensorimotor transformations for antisaccades [J]. Nature, 2000, 408（6815）: 971-975.

动也是对与不同反应相联系的目标的非空间特征（如，颜色）选择的结果 [1]~[3]。这些结果认为 LIP 同时表征空间和非空间的 S-R 映射。与猴子研究相一致，人类成像研究也认为上顶叶 / 顶内沟表征了同一任务中所有可能的 S-R 联结 [4]。随着 S-R 联结数目的增加，上顶叶的活动也随之增强 [5]~[7]。例如，上顶叶在选择反应时（choice reaction time，CRT）任务中比在简单反应时（simple reaction time，SRT）任务中有更强的激活 [8][9]。当任意 S-R 联结被过度学习时，随着练习增加也能发现上顶叶激活的增强 [10]，这暗示了这一区域涉及习得的 S-R 映射的皮质内巩固。此外，上顶叶 / 顶内沟也在任务的准备期和转换任务的转换过程中被激活，表明了它负责任务适宜的 S-R 映射的更新。

背侧前运动皮层对基于感觉信息而进行的运动准备和选择来说是重要的 [11]~[13]。例如，虽然背侧前运动皮层神经反应可以被视觉注意所调节 [14]，但背侧前运动皮层神经元会对与某个运动相联系的单个视觉刺激进行反应，但很少或不会对仅指示

① TOTH L J，ASSAD J A. Dynamic coding of behaviourally relevant stimuli in parietal cortex [J]. Nature，2002，415（6868）：165-168.

② FREEDMAN D J，ASSAD J A. Experience-dependent representation of visual categories in parietal cortex [J]. Nature，2006，443（7107）：85-88.

③ FITZGERALD J K，FREEDMAN D J，ASSAD J A. Generalized associative representations in parietal cortex [J]. Nature neuroscience，2011，14（8）：1075-1079.

④ THOENISSEN D，ZILLES K，TONI I. Differential involvement of parietal and precentral regions in movement preparation and motor intention [J]. Journal of Neuroscience，2002，22（20）：9024-9034.

⑤ BUNGE S A，HAZELTINE E，SCANLON M D，et al. Dissociable contributions of prefrontal and parietal cortices to response selection [J]. Neuroimage，2002，17（3）：1562-1571.

⑥ BRASS M，VON CRAMON D Y. Selection for cognitive control：a functional magnetic resonance imaging study on the selection of task-relevant information [J]. Journal of Neuroscience，2004，24（40）：8847-8852.

⑦ CRONE E A，WENDELKEN C，DONOHUE S E，et al. Neural evidence for dissociable components of task-switching [J]. Cereb Cortex，2006，16（4）：475-486.

⑧ BUNGE S A，KAHN I，WALLIS J D，et al. Neural circuits subserving the retrieval and maintenance of abstract rules [J]. Journal of Neurophysiology，2003，90（5）：3419-3428.

⑨ CAVINA-PRATESI C，VALYEAR K F，CULHAM J C，et al. Dissociating arbitrary stimulus-response mapping from movement planning during preparatory period：evidence from event-related functional magnetic resonance imaging [J]. Journal of Neuroscience，2006，26（10）：2704-2713.

⑩ GROL M J，DE LANGE F P，VERSTRATEN F A，et al. Cerebral changes during performance of overlearned arbitrary visuomotor associations [J]. Journal of Neuroscience，2006，26（1）：117-125.

⑪ WISE S P. The primate promoter cortex fifty years after Fulton [J]. Behavioural Brain Research，1985，18（2）：79-88.

⑫ PASSINGHAM R E. The frontal lobes and voluntary action [M]. Oxford University Press，1993.

⑬ PICARD N，STRICK P L. Imaging the premotor areas [J]. Current opinion in neurobiology，2001，11（6）：663-672.

⑭ DI PELLEGRINO G，WISE S P. Visuospatial versus visuomotor activity in the premotor and prefrontal cortex of a primate [J]. Journal of Neuroscience，1993，13（3）：1227-1243.

一个空间位置的相同刺激做反应[①]。最近的研究发现背侧前运动皮层神经元还涉及在一个搜索任务中表征潜在的反应和当目标被指定时对潜在反应的选择加工[②]。对于人类神经成像的研究也发现在过度学习的 S-R 联结后，背侧前运动皮层的活动随练习而增强[③④]。这反映了与特定刺激联系的运动需更稳定的准备。此外，对背侧前运动皮层的经颅磁刺激（transcranial magnetic stimulation，TMS）会干扰选择反应时任务的操作（但不影响简单反应时任务），暗示了对反应选择加工的影响[⑤⑥]。

在实验 2 和 4 中，增强的空间 S-R 联结归因于刺激—反应之间的高可能性，应用这种可能性去预期反应的加工也被表征在额顶联合区[⑦~⑩]。在控制组（50/50 组），相同颜色规则下不一致条件引发双侧上顶叶和背侧前运动皮层更强的脑激活，而不同颜色规则下一致条件引发双侧上顶叶和背侧前运动皮层更强的脑激活（这一模式与行为结果相似）。这些发现重复了本实验室近期的另一项研究[⑪]，认为反应冲突是与更强的激活相联系的。在 25/75 组，相同颜色规则下一致条件比不一致条件在这一区域有更强的激活（例如，在神经活动上经典 Simon 效应的反转）。此外，与 50/50 组相比，25/75 组在不同颜色规则下产生一个更强的反转 Simon 效应。因此，在双侧上顶叶和背侧前运动皮层的神经活动的模式是与行为结果相一致的。

① BOUSSAOUD D，WISE S P. Primate frontal cortex：neuronal activity following attentional versus intentional cues [J]. Experimental Brain Research，1993，95（1）：15–27.

② CISEK P，KALASKA J F. Neural correlates of reaching decisions in dorsal premotor cortex：specification of multiple direction choices and final selection of action [J]. Neuron，2005，45（5）：801–814.

③ RUGE H，WOLFENSTELLER U. Rapid formation of pragmatic rule representations in the human brain during instruction–based learning [J]. Cereb Cortex，2010，20（7）：1656–1667.

④ GROL M J，DE LANGE F P，VERSTRATEN F A，et al. Cerebral changes during performance of overlearned arbitrary visuomotor associations [J]. Journal of Neuroscience，2006，26（1）：117–125.

⑤ SCHLUTER N，RUSHWORTH M，MILLS K，et al. Signal–，set–，and movement–related activity in the human premotor cortex [J]. Neuropsychologia，1999，37（2）：233–243.

⑥ SCHLUTER N，RUSHWORTH M，PASSINGHAM R，et al. Temporary interference in human lateral premotor cortex suggests dominance for the selection of movements. A study using transcranial magnetic stimulation [J]. Brain，1998，121（5）：785–799.

⑦ RUSCONI E，TURATTO M，UMILTA C. Two orienting mechanisms in posterior parietal lobule：An rTMS study of the Simon and SNARC effects [J]. Cognitive Neuropsychology，2007，24（4）：373–392.

⑧ STURMER B，REDLICH M，IRLBACHER K，et al. Executive control over response priming and conflict：a transcranial magnetic stimulation study [J]. Experimental Brain Research，2007，183（3）：329–339.

⑨ CIESLIK E C，ZILLES K，KURTH F，et al. Dissociating bottom–up and top–down processes in a manual stimulus‐response compatibility task [J]. Journal of Neurophysiology，2010，104（3）：1472–1483.

⑩ BARDI L，KANAI R，MAPELLI D，et al. TMS of the FEF Interferes with Spatial Conflict [J]. Journal of Cognitive Neuroscience，2012，24（6）：1305–1313.

⑪ LI，H.，XIA，T.，& WANG，L. Neural correlates of the reverse Simon effect in the hedge and marsh task[J]. Neuropsychologia，2015，75：119–131.

行为结果认为 25/75 组被试增强了空间不一致的 S-R 联结，并基于这种联结去预期反应。在一致条件下，增强的不一致的 S-R 联结所预期的反应是与正确的反应不同的，因此，在一致条件下更大的激活反映了在额顶联合区需要更多的计算去解决反应冲突并选择任务相关的 S-R 联结。相反的，在 75/25 组，不论相同颜色规则还是不同颜色规则下，双侧上顶叶和背侧前运动皮层都在不一致条件下有更大的激活。与 50/50 组相比，相同颜色规则下神经活动上的 Simon 效应也是增加的，在不同颜色规则下不一致条件上更大激活表明了神经活动上反转 Simon 效应的反转。因此，75/25 组中上顶叶和背侧前运动皮层的活动也显示了与行为结果相似的模式。这一结果可以采用与 25/75 组相似的解释。75/25 组的被试采用了增强的一致的 S-R 联结去预期反应。增强的一致的 S-R 联结在相同颜色规则下产生了更强的反应冲突，而在不同颜色规则下抵消了不一致的 S-R 联结的影响。这种解释可以通过双侧上顶叶和背侧前运动皮层的活动在相同颜色规则下增强的 Simon 效应和在不同颜色规则下反转 Simon 效应的反转得以体现。当增强的一致的 S-R 联结的强度是足够更强时，它可能不仅仅抵消不同颜色规则下不一致的 S-R 联结的影响，而且进一步反转不一致的 S-R 联结的效应。总之，fMRI 的结果为可能性学习假说提供了支持性的证据。被试增强空间 S-R 联结，并基于这种联结去预期反应。因此，当正确的反应与增强的 S-R 联结所预期的反应不同时，在双侧上顶叶和背侧前运动皮层上存在更强的激活。25/75 组相同颜色规则下 Simon 效应和 75/25 组不同颜色规则下反转 Simon 效应的反转尤其支持了可能性学习解释。

9.3　前中扣带回，背外侧前额叶和冲突监测

前中扣带回和背外侧前额叶的活动模式与双侧上顶叶和背侧前运动皮层的活动模式相似。随着比例一致的变化而引发前中扣带回活动的动态变化是与先前的发现相一致的[1]~[4]。关于前中扣带回功能的大多数理论都认为它是作为一

---

[1] BARDI L, KANAI R, MAPELLI D, et al. TMS of the FEF Interferes with Spatial Conflict [J]. Journal of Cognitive Neuroscience, 2012, 24（6）: 1305–1313.

[2] CARTER C S, MACDONALD A M, BOTVINICK M, et al. Parsing executive processes: strategic vs. evaluative functions of the anterior cingulate cortex [J]. Proceedings of the National Academy of Sciences of the United States of America, 2000, 97（4）: 1944–1948.（转下页）

个评估装置存在的，例如，监测反应冲突，预期错误可能性和检测错误反应[①]。在察觉控制需要之后的控制加工往往由另一个脑区来实施，例如，背外侧前额叶。在当前研究中，被试增强了空间 S-R 联结的强度并用这种联结去预期反应。因此，研究者可以预期，当正确的反应与基于习得的 S-R 联结预期的反应不同时，前中扣带回和背外侧前额叶的活动增加，而当前研究的数据恰恰是这种结果。25/75 组增强了空间不一致的 S-R 联结的强度，在相同颜色规则下前中扣带回和背外侧前额叶在一致条件下比不一致条件下有更强的激活（例如，Simon 效应的反转）。75/25 组增强了空间一致的 S-R 联结的强度，在不同颜色规则下前中扣回和背外侧前额叶在不一致条件下比一致条件下有更强的激活（例如，反转 Simon 效应的反转）。此外，前中扣带回和背外侧前额叶的活动在 75/25 组相同颜色规则下经典 Simon 效应和 25/75 组不同颜色规则下反转 Simon 效应上增强。根据冲突监测的理论框架，这些结果表明了前中扣带回和背外侧前额叶对习得的 S-R 联结引发的反应冲突做出反应。例如，在 25/75 组相同颜色规则下，上顶叶（和背侧前运动皮层）可能表征了三组 S-R 联结：任务无关的空间一致 S-R 联结，任务相关的 S-R 联结以及增强的空间不一致的 S-R 联结。在前中扣带回活动上经典 Simon 效应的反转也表明了前中扣带回转移去检测在增强的不一致 S-R 联结与任务相关的 S-R 联结间的冲突，或者认为前中扣带回对无关的一致的和增强的不一致 S-R 联结的总和（当前 Simon 效应的反转表明了后者是强于前者的）与任务相关的 S-R 联结间的冲突做出反应。相似的，在 75/25 组，被试增强了空间一致 S-R 联结的强度。在不同颜色规则下，前中扣带回活动呈现为反转 Simon 效应的反转，认为增强的一致的 S-R 联结是强于不一致的 S-R 的联结。此外，学习效应的分析也显示了，在额顶联合区上不一致与一致条件间的差异是与 75/25 组的时间段正相关，而与 25/75 组的时间段负相关。这些结果表明了一致或不一致的 S-R 联结的强度随着练习而增大，随后在前中扣带回和背外侧前额叶上的认知控制的加工是逐渐转移到检测和解决由增强的 S-R 联结

（接上页）

③ BLAIS C，BUNGE S. Behavioral and neural evidence for item-specific performance monitoring [J]. Journal of Cognitive Neuroscience，2010，22（12）：2758-2767.

④ GRANDJEAN J，D'OSTILIO K，FIAS W，et al. Exploration of the mechanisms underlying the ISPC effect：Evidence from behavioral and neuroimaging data [J]. Neuropsychologia，2013，51：1040-1049.

① BOTVINICK，BRAVER，BARCH，et al. Conflict monitoring and cognitive control [J]. Psychol Rev，2001，108（3）：624-652.

引发的冲突上来。我们再来关注可能性学习[①]与注意调节，例如基于冲突监测观念的模型[②-④]间的关键差异。可能性学习假说把S-R联结强度的增加归因于呈现的刺激和反应对的高可能性上。这类似于冲突监测模型从输入到输出单元权重的增加。与之相对，为了解释认知控制的动态变化（例如，比例一致效应与顺序效应[⑤]），冲突监测模型改变着从自上而下的控制单元到输入单元的权重。例如，在多数不一致试次的条件或跟随不一致试次之后，对任务相关维度输入的自上而下的注意调节有所增强，这可能克服来自无关维度的干扰。这就是基于冲突监测模型去解释在比例一致效应与顺序效应上冲突效应的减小。然而，单独地增加自上而下的注意控制可以解释冲突效应的减小或消除，但不能解释在反应时和神经活动上冲突效应的反转，而采用S-R联结强度增强的方式就可以解释。

9.4　比例一致效应的迁移

先前研究认为只要比例偏置任务与未偏置任务采用同样的刺激—反应相关维度，就可能产生比例一致效应的迁移，在当前研究中，实验3和实验4的行为结果都证实了比例一致效应在不同颜色情境间的迁移效应，但与先前研究不同之处在于，当前研究中的迁移效应受到任务情境的影响。比例一致效应可以在不同规则下迁移到相同规则中，但不能实现相反的迁移。然而实验4中fMRI的结果表明两种规则下都存在比例一致效应的迁移。

这可能是由于当前研究采用了不同的任务，Hedge 和 Marsh 任务包含了两种 SRC 效应，一种是集水平（set-level）上的（例如，空间上的一致条件与不

---

① SCHMIDT J R，BESNER D. The Stroop effect：Why proportion congruent has nothing to do with congruency and everything to do with contingency [J]. Journal of Experimental Psychology-Learning Memory and Cognition，2008，34（3）：514–523.

② BOTVINICK，BRAVER，BARCH，et al. Conflict monitoring and cognitive control [J]. Psychol Rev，2001，108（3）：624–652.

③ BLAIS C，ROBIDOUX S，RISKO E F，et al. Item-specific adaptation and the conflict-monitoring hypothesis：a computational model [J]. Psychol Rev，2007，114（4）：1076–1086.

④ BLAIS C，VERGUTS T. Increasing set size breaks down sequential congruency：evidence for an associative locus of cognitive control [J]. Acta Psychol（Amst），2012，141（2）：133–139.

⑤ CARTER C S，MACDONALD A M，BOTVINICK M，et al. Parsing executive processes：strategic vs. evaluative functions of the anterior cingulate cortex [J]. Proceedings of the National Academy of Sciences of the United States of America，2000，97（4）：1944–1948.

一致条件），一种是元素水平（element-level）上的（例如，反应规则的一致与不一致条件），而先前研究往往在包含一种水平上的 SRC 效应。在相同颜色规则下，认知控制监测的冲突主要是集水平上的，需要的认知资源较少，而在不同颜色规则下，认知控制监测的冲突既包括集水平上的，也包括元素水平上的，需要的认知资源较多，因此，在高认知资源消耗情境下习得的刺激—反应联结可以顺利迁移到低认知资源消耗的情境中，但在低认知资源消耗情境下习得的刺激—反应联结可能会在高认知资源消耗的情境中受到抑制，不能有效地起作用，没有表现出迁移效应。另一方面，从实验 4 的 fMRI 结果与行为结果间的差异来看，可能是由于不同颜色规则条件下，任务难度的增大，使得在不同颜色规则条件下，必须有更强的脑活动，才能表现出行为结果（反应时与错误率）上的差异。

当前研究结果最重要的意义在于发现了习得的刺激—反应联结可以在不同情境间产生迁移并调节认知控制的实施。先前研究都集中于考察认知控制设置在不同任务情境间的迁移①，而忽视了习得的刺激—反应联结也可以在任务情境间迁移。实验 4 中，在 fMRI 结果中，发现了 pre-SMA/aMCC 的活动在未偏置情境下（一致与不一致试次比例为 50/50）产生了非冲突试次（相同颜色规则下一致试次与不同颜色规则下不一致试次）比冲突试次（相同颜色规则的不一致试次与不同颜色规则下的一致试次）更强的现象，即冲突效应的反转，这证实了习得的刺激—反应联结在起作用，而不仅仅是自上而下的认知控制的作用。

9.5　总结与反思

通过系统的研究，基于 3 个行为实验和 2 个功能磁共振实验的结果，研究者系统地探讨了学习调节认知控制的认知机制及神经基础，研究得出以下的主要结论：

第一，在比例一致效应中，被试能够根据刺激无关维度与反应之间的相关，习得相应的空间 S-R 联结，并根据这种联结去预期正确的反应。这一结果证实了可能性学习在比例一致效应中起到主导作用。

---

① WUHR P, DUTHOO W, NOTEBAERT W. Generalizing attentional control across dimensions and tasks : Evidence from transfer of proportion-congruent effects [J]. Q J Exp Psychol (Hove), 2014, 1-23.

第二，在比例一致效应中，被试习得了空间 S-R 联结之后，任务中的主要冲突由刺激相关维度—反应与无关维度—反应之间的冲突转变为习得的刺激—反应联结与任务要求的刺激—反应联结之间的冲突，认知控制系统主要监测这一冲突，并执行相应的控制以减少冲突。

第三，比例一致效应中激活了额顶区域，其中双侧上顶叶和背侧前运动皮层主要负责 S-R 联结的习得与存储，而前中扣带回和背外侧前额叶主要负责冲突监测与执行控制，这一激活模式显示了习得的刺激—反应联结调节认知控制的神经基础。

第四，比例一致效应可以在不同任务间迁移，但迁移效应受到任务情境的影响。不同颜色规则下的比例一致效应容易迁移到相同颜色规则下，而相同颜色规则下的比例一致效应迁移到不同颜色规则下更困难，脑成像的结果证实了习得的刺激—反应联结可以迁移到新的情境并调节认知控制的实施。

这一系列研究的特色与创新之处主要有以下三个方面：第一，本研究紧跟当前国际心理学界研究前沿，在全面分析和总结当国内外关于比例一致效应的理论与认知神经科学研究的基础上，提出整合学习与认知控制的目标，进一步探讨了习得的刺激—反应联结调节认知控制的神经基础。本研究有助于进一步明确学习对认知控制的影响及其神经机制，具有重要的理论研究价值。第二，研究所探讨的比例一致效应中注意调节与可能性学习的争议问题，既是对认知控制研究的深化，也是对可能性学习作用机制的深入探讨，研究结果具有重要的学术价值。第三，学习调节认知控制的理论应该具有广泛的普适性，本研究采用 Hedge 和 Marsh 任务展开相关研究，拓展了先前研究多依靠 Stroop 任务的局限性，有利于解决认知控制中核心问题的争议，也使认知控制的理论具有更广泛的适用性，对于完善和建立具有普适性的认知控制模型有重要的意义。

本书的不足之处主要有以下两个方面：第一，本书的研究主要是从 fMRI 的技术角度出发来进一步探讨习得的刺激—反应联结调节认知控制的神经基础，如能进一步结合 ERP 技术对这一主题进行研究，那么对于该问题的探讨就更加深入。第二，关于习得的刺激—反应联结对认知控制的认知与神经机制的探讨，也仅仅是初步的研究，研究仅仅取得了一部分结论，并验证了相关领域的某些假设，但并未能基于认知神经研究结果清晰这一认知过程的内在机制，需要接下来进一步的研究来解决这一问题。

参考文献

[1] ABRAHAMSE E, BRAEM S, NOTEBAERT W, VERGUTS T. Grounding Cognitive Control in Associative Learning [J]. Psychological Bulletin, 2016, 142 (7): 693–728.

[2] ABRAHAMSE E L, DUTHOO W, NOTEBAERT W, RISKO E F. Attention modulation by proportion congruency: The asymmetrical list shifting effect [J]. Journal of Experimental Psychology: Learning, Memory, and Cognition, 2013, 39 (5): 1552–1562.

[3] BERRIDGE C W, WATERHOUSE B D. The locus coeruleus - noradrenergic system: modulation of behavioral state and state-dependent cognitive processes [J]. Brain Research Reviews, 2003, 42 (1): 33–84.

[4] BLAIS C, BUNGE S. Behavioral and neural evidence for item-specific performance monitoring [J]. Journal of Cognitive Neuroscience, 2010, 22 (12): 2758–2767.

[5] BLAIS C, HUBBARD E, MANGUN G R. ERP Evidence for Implicit Priming of Top-Down Control of Attention [J]. Journal of Cognitive Neuroscience, 2016, 28 (5): 763–772.

[6] BLAIS C, ROBIDOUX S, RISKO E F, BESNER D. Item-specific adaptation and the conflict-monitoring hypothesis: a computational model [J]. Psychol Rev, 2007, 114 (4): 1076–1086.

[7] BLAIS C, VERGUTS T. Increasing set size breaks down sequential congruency: evidence for an associative locus of cognitive control [J]. Acta Psychol (Amst), 2012, 141 (2): 133–139.

[8] BOTVINICK, BRAVER, BARCH, CARTER, COHEN. Conflict monitoring and

cognitive control [J]. Psychol Rev, 2001, 108（3）: 624–652.

[9] BOTVINICK, NYSTROM L E, FISSELL K, CARTER C S, COHEN J D. Conflict monitoring versus selection–for–action in anterior cingulate cortex [J]. Nature, 1999, 402（6758）: 179–181.

[10] BOTVINICK M M, BRAVER T S, BARCH D M, CARTER C S, COHEN J D. Conflict monitoring and cognitive control [J]. Psychol Rev, 2001, 108（3）: 624–652.

[11] BOTVINICK M M, COHEN J D, CARTER C S. Conflict monitoring and anterior cingulate cortex: an update [J]. Trends Cogn Sci, 2004, 8（12）: 539–546.

[12] BOURET S, SARA S J. Network reset: a simplified overarching theory of locus coeruleus noradrenaline function [J]. Trends in neurosciences, 2005, 28（11）: 574–582.

[13] BRASS M, VON CRAMON D Y. Selection for cognitive control: a functional magnetic resonance imaging study on the selection of task–relevant information [J]. Journal of Neuroscience, 2004, 24（40）: 8847–8852.

[14] BRASS M, VON CRAMON D Y. Decomposing components of task preparation with functional magnetic resonance imaging [J]. Journal of Cognitive Neuroscience, 2004, 16（4）: 609–620.

[15] BRAVER T S. The variable nature of cognitive control: a dual mechanisms framework [J]. Trends Cogn Sci, 2012, 16（2）: 106–113.

[16] BRAVER T S, GRAY J R, BURGESS G C. Explaining the many varieties of working memory variation: Dual mechanisms of cognitive control [J]. Variation in working memory, 2007, 76–106.

[17] BROSOWSKY N P, CRUMP M J C. Memory–Guided Selective Attention: Single Experiences With Conflict Have Long–Lasting Effects on Cognitive Control [J]. Journal Of Experimental Psychology–General, 2018, 147（8）: 1134–1153.

[18] BROWN J W, BRAVER T S. Learned predictions of error likelihood in the anterior cingulate cortex [J]. Science, 2005, 307（5712）: 1118–1121.

[19] BUGG J M, BRAVER T S. Proactive control of irrelevant task rules during cued task switching [J]. Psychological Research–Psychologische Forschung, 2016, 80

（5）: 860–876.

[20] BUGG J M, CHANANI S. List–wide control is not entirely elusive: evidence from picture–word Stroop [J]. Psychon Bull Rev, 2011, 18（5）: 930–936.

[21] BUGG J M, CRUMP M J. In support of a distinction between voluntary and stimulus–driven control: a review of the literature on proportion congruent effects [J]. Frontiers in psychology, 2012, 3.

[22] BUGG J M, HUTCHISON K A. Converging evidence for control of color – word Stroop interference at the item level [J]. Journal of Experimental Psychology: Human Perception and Performance, 2013, 39（2）: 433.

[23] BUGG J M, JACOBY L L, CHANANI S. Why it is too early to lose control in accounts of item–specific proportion congruency effects [J]. Journal of Experimental Psychology: Human Perception and Performance, 2011, 37（3）: 844–859.

[24] BUGG J M, JACOBY L L, TOTH J P. Multiple levels of control in the Stroop task [J]. Memory & Cognition（pre–2011）, 2008, 36（8）: 1484–1494.

[25] BUGG J M, MCDANIEL M A, SCULLIN M K, BRAVER T S. Revealing list–level control in the Stroop task by uncovering its benefits and a cost [J]. Journal of Experimental Psychology: Human Perception and Performance, 2011, 37（5）: 1595.

[26] BUNGE S A, HAZELTINE E, SCANLON M D, ROSEN A C, GABRIELI J D. Dissociable contributions of prefrontal and parietal cortices to response selection [J]. Neuroimage, 2002, 17（3）: 1562–1571.

[27] BUNGE S A, KAHN I, WALLIS J D, MILLER E K, WAGNER A D. Neural circuits subserving the retrieval and maintenance of abstract rules [J]. Journal of Neurophysiology, 2003, 90（5）: 3419–3428.

[28] CAO Y, CAO X, YUE Z, WANG L. Temporal and spectral dynamics underlying cognitive control modulated by task–irrelevant stimulus–response learning [J]. Cognitive Affective & Behavioral Neuroscience, 2017, 17（1）: 158–173.

[29] CARTER C S, BRAVER T S, BARCH D M, BOTVINICK M M, NOLL D, COHEN J D. Anterior cingulate cortex, error detection, and the online monitoring of performance [J]. Science, 1998, 280（5364）: 747–749.

[30] CARTER C S, MACDONALD A M, BOTVINICK M, ROSS L L, STENGER V A, NOLL D, COHEN J D. Parsing executive processes: strategic vs. evaluative functions of the anterior cingulate cortex [J]. Proceedings of the National Academy of Sciences of the United States of America, 2000, 97（4）: 1944-1948.

[31] CISEK P, KALASKA J F. Neural correlates of reaching decisions in dorsal premotor cortex: specification of multiple direction choices and final selection of action [J]. Neuron, 2005, 45（5）: 801-814.

[32] COHEN J D, DUNBAR K, MCCLELLAND J L. On the control of automatic processes: a parallel distributed processing account of the Stroop effect [J]. Psychological review, 1990, 97（3）: 332.

[33] CRUMP M J C. Learning to Selectively Attend From Context-Specific Attentional Histories: A Demonstration and Some Constraints [J]. Canadian Journal Of Experimental Psychology-Revue Canadienne De Psychologie Experimentale, 2016, 70（1）: 59-77.

[34] CRUMP M J C, BROSOWSKY N P, MILLIKEN B. Reproducing the location-based context-specific proportion congruent effect for frequency unbiased items: A reply to Hutcheon and Spieler（2016）[J]. Q J Exp Psychol（Hove）, 2017, 70（9）: 1792-1807.

[35] CRUMP M J C, MILLIKEN B, LEBOE-MCGOWAN J, LEBOE-MCGOWAN L, GAO X. Context-Dependent Control of Attention Capture: Evidence From Proportion Congruent Effects [J]. Canadian Journal Of Experimental Psychology-Revue Canadienne De Psychologie Experimentale, 2018, 72（2）: 91-104.

[36] DE JONG, LIANG C C, LAUBER E. Conditional and unconditional automaticity: a dual-process model of effects of spatial stimulus-response correspondence [J]. Journal of Experimental Psychology: Human Perception and Performance, 1994, 20（4）: 731-750.

[37] EGNER T, HIRSCH J. Cognitive control mechanisms resolve conflict through cortical amplification of task-relevant information [J]. Nature neuroscience, 2005, 8（12）: 1784-1790.

[38] FUNES M J, LUPI á ñEZ J, HUMPHREYS G. Sustained vs. transient cognitive

control: Evidence of a behavioral dissociation [J]. Cognition, 2010, 114 （3）: 338–347.

[39] GAZZANIGA M, IVRY R, MANGUN G. Learning and memory [J]. Cognitive neuroscience: The biology of the mind, 2009, 312–363.

[40] GEHRING W J, KNIGHT R T. Prefrontal – cingulate interactions in action monitoring [J]. Nature neuroscience, 2000, 3 （5）: 516–520.

[41] GRANDJEAN J, D'OSTILIO K, FIAS W, PHILLIPS C, BALTEAU E, DEGUELDRE C, LUXEN A, MAQUET P, SALMON E, COLLETTE F. Exploration of the mechanisms underlying the ISPC effect: Evidence from behavioral and neuroimaging data [J]. Neuropsychologia, 2013, 51 : 1040–1049.

[42] GRATTON G, COLES M G H, DONCHIN E. Optimizing the use of information: Strategic control of activation of responses [J]. Journal of Experimental Psychology: General, 1992, 121 （4）: 480–506.

[43] GRINBAND J, SAVITSKAYA J, WAGER T D, TEICHERT T, FERRERA V P, HIRSCH J. The dorsal medial frontal cortex is sensitive to time on task, not response conflict or error likelihood [J]. Neuroimage, 2011, 57 （2）: 303–311.

[44] HASBROUCQ T, GUIARD Y. Stimulus–response compatibility and the Simon effect: toward a conceptual clarification [J]. J Exp Psychol Hum Percept Perform, 1991, 17 （1）: 246–266.

[45] HEDGE A, MARSH N. The effect of irrelevant spatial correspondences on two–choice response–time [J]. Acta Psychologica, 1975, 39 （6）: 427–439.

[46] HOMMEL B. Stimulus–Response Compatibility and the Simon Effect – toward an Empirical Clarification [J]. Journal of Experimental Psychology–Human Perception and Performance, 1995, 21 （4）: 764–775.

[47] HOMMEL B. The Simon effect as tool and heuristic [J]. Acta Psychologica, 2011, 136 （2）: 189–202.

[48] HOMMEL B, PRINZ W. Theoretical issues in stimulus–response compatibility. [M]. Amsterdam: North–Holland. ed., 1997.

[49] HOMMEL B, PROCTOR R W, VU K P. A feature–integration account of sequential effects in the Simon task [J]. Psychol Res, 2004, 68 （1）: 1–17.

[50] HUTCHEON T G, SPIELER D H. Limits on the generalizability of context-driven control [J]. Q J Exp Psychol (Hove), 2017, 70 (7) : 1292-1304.

[51] HUTCHISON K A. The interactive effects of listwide control, item-based control, and working memory capacity on Stroop performance [J]. Journal of Experimental Psychology: Learning, Memory, and Cognition, 2011, 37 (4) : 851.

[52] JACOBY L L, LINDSAY D S, HESSELS S. Item-specific control of automatic processes: stroop process dissociations [J]. Psychonomic Bulletin & Review, 2003, 10 (3) : 638-644.

[53] KERNS J G, COHEN J D, MACDONALD A W, CHO R Y, STENGER V A, CARTER C S. Anterior cingulate conflict monitoring and adjustments in control [J]. Science, 2004, 303 (5660) : 1023-1026.

[54] KORNBLUM S, HASBROUCQ T, OSMAN A. Dimensional overlap: cognitive basis for stimulus-response compatibility-a model and taxonomy [J]. Psychol Rev, 1990, 97 (2) : 253-270.

[55] LINDSAY D S, JACOBY L L. Stroop process dissociations: The relationship between facilitation and interference [J]. Journal of Experimental Psychology-Human Perception and Performance, 1994, 20 (2) : 219-234.

[56] LOGAN, ZBRODOFF N J, WILLIAMSON J. Strategies in the color-word Stroop task [J]. Bulletin of the Psychonomic Society, 1984, 22 (2) : 135-138.

[57] LOGAN G D. Toward an instance theory of automatization [J]. Psychological review, 1988, 95 (4) : 492.

[58] LOGAN G D, ZBRODOFF N J. When it helps to be misled: Facilitative effects of increasing the frequency of conflicting stimuli in a Stroop-like task [J]. Memory & cognition, 1979, 7 (3) : 166-174.

[59] LU C-H, PROCTOR R W. Processing of an irrelevant location dimension as a function of the relevant stimulus dimension [J]. Journal of Experimental Psychology: Human Perception and Performance, 1994, 20 (2) : 286-298.

[60] MACDONALD A W, COHEN J D, STENGER V A, CARTER C S. Dissociating the role of the dorsolateral prefrontal and anterior cingulate cortex in cognitive control [J]. Science, 2000, 288 (5472) : 1835-1838.

[61] MANARD M, FRANCOIS S, PHILLIPS C, SALMON E, COLLETTE F. The neural bases of proactive and reactive control processes in normal aging [J]. Behavioural Brain Research, 2017, 320 : 504–516.

[62] MARBLE J G, PROCTOR R W. Mixing location–relevant and location–irrelevant choice–reaction tasks: influences of location mapping on the Simon effect [J]. Journal of Experimental Psychology: Human Perception and Performance, 2000, 26（5）: 1515–1533.

[63] MILLER E K, COHEN J D. An integrative theory of prefrontal cortex function [J]. Annu Rev Neurosci, 2001, 24（1）: 167–202.

[64] NIEUWENHUIS S, FORSTMANN B U, WAGENMAKERS E–J. Erroneous analyses of interactions in neuroscience: a problem of significance [J]. Nature neuroscience, 2011, 14（9）: 1105–1107.

[65] PARDO J V, PARDO P J, JANER K W, RAICHLE M E. The anterior cingulate cortex mediates processing selection in the Stroop attentional conflict paradigm [J]. Proceedings of the national academy of sciences, 1990, 87（1）: 256–259.

[66] PROCTOR R W, PICK D F. Display–control arrangement correspondence and logical recoding in the Hedge and Marsh reversal of the Simon effect [J]. Acta Psychologica, 2003, 112（3）: 259–278.

[67] SCHLUTER N, RUSHWORTH M, MILLS K, PASSINGHAM R. Signal–, set–, and movement–related activity in the human premotor cortex [J]. Neuropsychologia, 1999, 37（2）: 233–243.

[68] SCHLUTER N, RUSHWORTH M, PASSINGHAM R, MILLS K. Temporary interference in human lateral premotor cortex suggests dominance for the selection of movements. A study using transcranial magnetic stimulation [J]. Brain, 1998, 121（5）: 785–799.

[69] SCHMIDT J R. The Parallel Episodic Processing（PEP）model: Dissociating contingency and conflict adaptation in the item–specific proportion congruent paradigm [J]. Acta Psychologica, 2013, 142（1）: 119–126.

[70] SCHMIDT J R. Questioning conflict adaptation: proportion congruent and Gratton effects reconsidered [J]. Psychon Bull Rev, 2013, 20 : 615–630.

[71] SCHMIDT J R. Contingencies and attentional capture: the importance of matching stimulus informativeness in the item-specific proportion congruent task [J]. Cognition, 2014, 5 : 540.

[72] SCHMIDT J R. List-level transfer effects in temporal learning: Further complications for the list-level proportion congruent effect [J]. Journal of Cognitive Psychology, 2014, 26（4）: 373-385.

[73] SCHMIDT J R. Temporal Learning and Rhythmic Responding: No Reduction in the Proportion Easy Effect with Variable Response-Stimulus Intervals [J]. Frontiers in psychology, 2016, 7.

[74] SCHMIDT J R. Evidence against conflict monitoring and adaptation: An updated review [J]. Psychonomic Bulletin & Review, 2019, 26（3）: 753-771.

[75] SCHMIDT J R, AUGUSTINOVA M, DE HOUWER J. Category learning in the color-word contingency learning paradigm [J]. Psychonomic Bulletin & Review, 2018, 25（2）: 658-666.

[76] SCHMIDT J R, BESNER D. The Stroop effect: Why proportion congruent has nothing to do with congruency and everything to do with contingency [J]. Journal of Experimental Psychology-Learning Memory and Cognition, 2008, 34（3）: 514-523.

[77] SCHMIDT J R, CRUMP M J, CHEESMAN J, BESNER D. Contingency learning without awareness: Evidence for implicit control [J]. Consciousness and cognition, 2007, 16（2）: 421-435.

[78] SCHMIDT J R, LEMERCIER C. Context-specific proportion congruent effects: Compound-cue contingency learning in disguise [J]. Q J Exp Psychol（Hove）, 2019, 72（5）: 1119-1130.

[79] SCHMIDT J R, LEMERCIER C, DE HOUWER J. Context-specific temporal learning with non-conflict stimuli: proof-of-principle for a learning account of context-specific proportion congruent effects [J]. Front Psychol, 2014, 5 : 1241.

[80] SCHMIDT J R, LIEFOOGHE B. Feature Integration and Task Switching: Diminished Switch Costs after Controlling for Stimulus, Response, and Cue Repetitions [J]. PloS one, 2016, 11（3）: e0151188.

[81] SCHMIDT J R, NOTEBAERT W, VAN DEN BUSSCHE E. Is conflict adaptation an illusion? [J]. Frontiers in psychology, 2015, 6.

[82] SIMON, SLY P E, VILAPAKKAM S. Effect of compatibility of SR mapping on reactions toward the stimulus source [J]. Acta Psychologica, 1981, 47（1）: 63–81.

[83] SPERLING R A, BATES J F, COCCHIARELLA A J, SCHACTER D L, ROSEN B R, ALBERT M S. Encoding novel face–name associations: a functional MRI study [J]. Hum Brain Mapp, 2001, 14（3）: 129–139.

[84] STROOP J R. Studies of interference in serial verbal reactions [J]. Journal of experimental psychology, 1935, 18（6）: 643.

[85] TOTH J P, LEVINE B, STUSS D T, OH A, WINOCUR G, MEIRAN N. Dissociation of Processes Underlying Spatial S–R Compatibility: Evidence for the Independent Influence of What and Where [J]. Consciousness and cognition, 1995, 4（4）: 483–501.

[86] VERGUTS T, NOTEBAERT W. Hebbian learning of cognitive control: Dealing with specific and nonspecific adaptation [J]. Psychol Rev, 2008, 115（2）: 518–525.

[87] VERGUTS T, NOTEBAERT W. Adaptation by binding: A learning account of cognitive control [J]. Trends Cogn Sci, 2009, 13（6）: 252–257.

[88] WEISSMAN D H, CARP J. The congruency effect in the posterior medial frontal cortex is more consistent with time on task than with response conflict [J]. PloS one, 2013, 8（4）: e62405.

[89] WüHR P. Sequential modulations of logical–recoding operations in the Simon task [J]. Experimental Psychology（formerly Zeitschrift für Experimentelle Psychologie）, 2004, 51（2）: 98–108.

[90] WUHR P, BIEBL R. Logical recoding of S–R rules can reverse the effects of spatial S–R correspondence [J]. Attention Perception & Psychophysics, 2009, 71（2）: 248–257.

[91] WUHR P, DUTHOO W, NOTEBAERT W. Generalizing attentional control across dimensions and tasks: Evidence from transfer of proportion–congruent effects [J]. Q

J Exp Psychol（Hove），2014，1–23.

[92] XIA T, LI H, WANG L. Implicitly strengthened task–irrelevant stimulus–response associations modulate cognitive control: Evidence from an fMRI study [J]. Hum Brain Mapp, 2016, 37（2）: 756–772.

[93] ZHANG M, BARASH S. Neuronal switching of sensorimotor transformations for antisaccades [J]. Nature, 2000, 408（6815）: 971–975.

[94] 李政汉，杨国春，南威治，李琦，刘勋 . 冲突解决过程中认知控制的注意调节机制 [J]. 心理科学进展，2018，26（06）: 966–974.

[95] 刘培朵，杨文静，田夏，陈安涛 . 冲突适应效应研究述评 [J]. 心理科学进展，2012，20（4）: 532–541.

[96] 刘勋，南威治，王凯，李琦 . 认知控制的模块化组织 [J]. 心理科学进展，2013，21（012）: 2091–2102.

[97] 宋晓蕾，傅旭娜，张俊婷，游旭群 . 反应 – 效应相容性范式下不同数字表征方式和身体经验对数字认知加工的影响 [J]. 心理学报，2017，49（05）: 602–610.

[98] 宋晓蕾 . Hedge 和 Marsh 任务条件下的 Simon 效应及其反转作用机制的研究 [D]. 陕西师范大学，2004.

[99] 岳珍珠，张德玄，王岩 . 冲突控制的神经机制 [J]. 心理科学进展，2004，12（5）: 651–660.

[100] 夏天生，谭玲 . 刺激—反应联结学习在情境特异比例一致效应中的作用 . 心理科学（出版中）.

[101] 岳珍珠，周晓林 . 前扣带皮层与冲突控制 [J]. 西南师范大学学报（人文社会科学版），2005.

后　记

　　设计学是一门多学科交叉的新兴学科，这门学科是按照文化艺术和科学技术相结合的规律，去创造人们日常生活中的物质产品和精神产品的一门科学。设计学综合了艺术学、人因工学、心理学和其他学科的最新成果进行创造性的产出，本书是体验设计与认知心理交叉研究丛书的一部分，基于脑科学的方法，探讨了无意识条件下刺激—反应联结学习调节认知控制的神经机制，为心理学和设计学的相关研究者提供一些经验证据。

　　本书是中国体验设计与发展研究中心的阶段性成果。在此向广东工业大学艺术与设计学院胡飞院长等表示由衷的感谢；正是在他们的鼎力支持下，体验设计与认知心理的交叉研究才得以深入展开。还要感谢华南师范大学心理学院莫雷教授、王凌教授，正是在他们的倾心指导下，本人的研究才能得以开展并有所收获。

　　同时，也向被本书征引和参考过的相关文献和图片的作者表示衷心的感谢。此外，囿于学养，书中难免有疏漏和错误之处，敬请学界同仁和广大读者批评指正。